VOYAGE DANS L'ANTHROPOCÈNE

cette nouvelle ère dont nous sommes les héros

Ouvrage dirigé par Elisabeth Nivert et Anne Tézenas du Montcel.

“L’aventure de la Terre et de l’humanité peut-elle nous accueillir comme un roman-fleuve ?

Un ensemble de mots avec des écluses, des ponts, des bateliers, l’odeur du voyage avec pour horizon toute la splendeur du monde.

Un monde partagé, nourri par notre soif d’apprendre.”

Les Elucubrantes.

ISBN 978-2-7427-9534-5
www.actes-sud.fr

CLAUDE LORIUS - LAURENT CARPENTIER

VOYAGE DANS L'ANTHROPOCÈNE

cette nouvelle ère dont nous sommes les héros

ACTES SUD

PROLOGUE

Nous avons laissé le fracas des vagues derrière nous. Le fracas du monde. Et, pénétrant le chenal protégé du vent, un étrange silence a enveloppé le navire. Il y a dans l'air quelque chose de majestueux et de triste. Comme un jour d'obsèques. On voudrait une fanfare, une plaisanterie, mais les lieux ne sont propices qu'au recueillement. Ce sont les premiers jours de septembre et le soleil est à son zénith sur la côte ouest du Groenland. Pas un nuage au ciel. Un extraordinaire 14 °C au thermomètre fait ressembler ces rivages hostiles à des îles grecques. Evigedhesfjord, le fjord de l'Eternité... Seul le doux bruit de l'étrave fendant l'eau harmonieuse et transparente rappelle que des barbares civilisés, à bord d'un navire de feu et d'acier, viennent une fois de plus de franchir les portes d'un des innombrables sanctuaires naturels de ces côtes déchiquetées.

Nous sommes revenus ici car c'est ici que tout commence. Dans ces contrées polaires longtemps oubliées de la civilisation, devenues les premiers témoins de son évolution. C'est dans les glaces que la science a trouvé la preuve irréfutable que l'homme avait pris le pas sur les cycles naturels et avait – à son corps défendant, dans sa course-poursuite vers le progrès – déréglé le monde. C'est en regardant la fonte des glaces que l'opinion publique a pris conscience que, oui, peut-être, pourquoi pas, éventuellement, nous avions du souci à nous faire pour l'avenir.

Tout au fond du fjord de l'Eternité, le glacier des Mouettes dévale de l'inlandsis, la calotte glaciaire, immense nappe de glace qui recouvre une terre quatre fois grande comme la France. A cette distance, 20 kilomètres, le glacier paraît minuscule, mais plus nous avançons dans le chenal, plus sa masse est impressionnante. Nous sommes encore à un bon kilomètre que déjà nous avons l'impression d'être surplombés par ses falaises blanches aux arêtes fendues où les mouettes se livrent à un ballet aérien. Dans l'eau translucide, un monde aquatique vivant et abondant vaque à l'abri de la modernité. Tout ici est comme aux premiers jours du monde, intact et sacré.
Ou presque. Car entre la glace et les roches envahies par les lichens, une large zone marron de terre fraîchement mise au jour indique qu'il n'y a plus de paradis perdu sur cette terre, plus de territoire que l'homme n'ait marqué de son empreinte, directement ou indirectement. Cette zone terreuse et dépourvue de végétation, c'est la moraine que le glacier a découverte en se retirant : le réchauffement climatique visible à l'œil nu. Le phénomène est connu : il suffit d'examiner les photos de la Terre prises depuis les satellites qui gravitent autour d'elle pour le constater : les glaces qui enserrent les pôles fondent. Et cette tendance va s'accélérant.
Car ce sont aux glaces que nous devons la vérité. Pour tout dire, ce silence qui nous envahit devant leur magnificence raconte cela : cet immense tribut que nous devons à ces sentinelles incomparables de notre dérive. Ce sont elles qui ont donné l'alerte pour le CO_2, et qui encore aujourd'hui laissent planer sur l'espèce humaine une menace inquiétante dont il est important de prendre conscience : si les glaces fondent, le niveau des mers montera et des terres des hommes seront submergées. La Hollande s'est livrée l'an passé à un exercice national d'évacuation pour le cas où les eaux viendraient à les envahir brutalement : de quoi éveiller les esprits. Et si les glaces fondent, quid des courants marins dont le cours pourrait changer, provoquant un dérèglement généralisé ? Les glaces concentrent les symptômes ? Elles furent le diagnostic. Ce sont elles qui nous ont apporté la preuve que ce réchauffement était dû à la main de

l'homme. La teneur en gaz carbonique trouvée dans les bulles d'air qu'elles renferment a clairement désigné notre civilisation thermo-industrielle comme responsable de la crise écologique. C'est en regardant ses indicateurs que les climatologues proposèrent au tournant du millénaire cette évidence, pourtant si difficile à admettre tant elle est porteuse d'implications : nous avons changé d'ère.

Nous qui nous croyions dans l'Holocène – 10 000 ans d'une ère à l'extraordinaire stabilité bioclimatique –, voilà que l'analyse de l'air contenu dans les glaces nous montre brutalement que la main de l'homme, inventant la machine à vapeur, a du même coup déréglé la machine du monde. Sols détruits, acidification des océans, destruction d'espèces animales ou végétales, ressources pillées, déchets éparpillés : l'homme est devenu une force géologique, et même sans doute la principale agissant aujourd'hui sur la Terre.

Dans l'univers, au sein d'une immense galaxie, la planète Terre voyage depuis presque 5 milliards d'années en tournant autour du Soleil. Le mystère de cette petite planète est une magie au long terme, un déséquilibre permanent qui, sur une échelle de temps tout à fait déraisonnable, fait que nous sommes là. Son noyau en feu a créé au fil des siècles continents et océans, chaînes de montagnes et gigantesques failles des abîmes marins... Et puis, il y a 3 milliards d'années, la photosynthèse, cette réaction chimique à partir de l'eau et du CO_2 sous l'effet de l'énergie solaire, a permis la création de matière organique. Celle-ci a nourri lentement l'atmosphère d'oxygène et d'azote, qui a généré à son tour la prolifération à sa surface d'organismes vivants protégés par la formation de la couche d'ozone filtrant les radiations venant de l'espace. Ainsi sont apparus les premiers organismes monocellulaires, puis, après ce que l'on appelle l'explosion cambrienne, il y a environ 530 millions d'années, se sont soudainement développées des formes de vie multicellulaires. Qui se souviendra de la crise du pétrole dans le grand livre du monde à côté de l'extinction massive du Permien (90 % des espèces marines, 70 % des vertébrés), il y a 250 millions d'années ? De la mort des dinosaures, il y a 65 millions d'années ? Ou de la "sortie des eaux", il y a 430 millions d'années, qui vit pour la première fois les plantes pousser sur la Terre ? Que sont quelques siècles dans une histoire qui compte près de 5 milliards d'années ? A la fois rien – une leçon d'humilité –, et tout : depuis le XIXe siècle, comme le montrent les courbes comparées des températures et des gaz à effet de serre analysés dans les glaces des pôles, nous transformons la Terre tel qu'aucun autre événement cosmique, tellurique ou géologique ne l'a fait de manière aussi brutale depuis des millions d'années.

Nous avons changé d'ère.

Or le jour où l'on change de regard, il faut changer le vocabulaire. Le jour où l'on change de monde, il faut changer les noms. Nous ne pouvons plus prendre les choses telles quelles, dans leur simple continuum... Puisque rupture il y a, il faut la nommer pour la voir, pour l'expliquer, pour l'autopsier, voire pour la conjurer. C'est pourquoi géologues et géophysiciens plaident aujourd'hui pour une nouvelle dénomination de cette période de l'histoire naturelle du monde : l'Anthropocène. Bienvenue dans "l'ère des humains".

Quelle prétention, quel anthropocentrisme, diront certains, peut bien pousser une bande de scientifiques de la dernière couche des *Homo sapiens* à vouloir trouver un nouveau nom à une si petite tranche d'histoire – deux cents ans, une rigolade ! – dont la marque sur l'échelle stratigraphique ne serait même pas visible à l'œil nu ? Vous avez sous les yeux la réponse, simple et alarmante : les événements qui sont en train de s'y passer seront, eux, extrêmement visibles sur l'échelle des temps. Si les prévisions du GIEC se réalisent – une augmentation de quelque 5 °C des températures d'ici la fin du siècle –, la Terre n'aura pas eu aussi chaud depuis le "Maximum thermique du Paléocène Eocène", il y a 56 millions d'années !

Si l'on peut comparer l'évolution actuelle du climat à quelque chose survenu il y a si longtemps dans l'histoire de la vie, c'est que la situation n'est pas purement théorique. Et cette découverte nous oblige d'un coup à changer notre manière de voir. On a coutume de dire que l'histoire est écrite par les vainqueurs. Il est aujourd'hui permis d'envisager qu'il n'y ait plus demain qui que ce soit pour écrire cette histoire-là.

Car tous les indicateurs aujourd'hui envoient le même message : nous avons déséquilibré le monde d'une façon telle que nous sommes aujourd'hui en droit de penser que le processus est pratiquement irréversible. Aussi courte soit-elle – parce que rapide et brutale –, l'ère anthropocène, cette nouvelle période de la vie sur Terre, marque une rupture sans précédent. Elle est à la fois l'âge d'or – celui des grandes découvertes, du progrès scientifique, de la démocratie, de l'allongement de la vie –, et l'ère de l'aveuglement : nous n'avions rien vu venir, nous étions et serions pour l'éternité les plus puissants.

Leur blancheur est aveuglante. Face aux glaces qui dévalent de ce monde erratique, il faut des lunettes sophistiquées pour y déjouer les rayons du soleil qui sont un danger pour les yeux. Pourquoi avons-nous été aveugles ? Et qu'est-ce qui fait qu'aujourd'hui, ce soit justement devant cette clarté que, d'un seul coup, notre regard s'éveille ?

Symptômes, puis diagnostic, les glaces ont joué enfin un rôle très important dans l'idée – aujourd'hui essentielle à comprendre – que nous sommes, que nous le voulions ou non, une seule planète, et que ce qui se passe à Tokyo a un impact à Paris, que ce que l'on fabrique à Chicago ou Karachi est ressenti dans les falaises de glace et la maigre toundra du fjord de l'Eternité. Bien avant la mondialisation des échanges, la mondialisation de notre environnement fut une réalité dont nous ignorions tout. La Terre sur laquelle nous évoluons est un patrimoine commun que, comme tel, nous devons gérer ensemble. Et ce n'est sans doute pas un hasard que ce soit dans ces terres extrêmes où la vie est un miracle, où, comme le dit l'adage inuit, *Silarsuaq sikullu kisimi naalagaapput* ! [Seuls le temps et la glace sont maîtres !], que l'homme ait réussi à faire naître une véritable gouvernance mondiale.

Pour dire toute la vérité, c'est là où il n'y avait pas d'homme du tout que les hommes réussirent à se mettre d'accord : en Antarctique. C'était il y a cinquante ans. Les politiques consacrèrent en pleine guerre froide la démarche initiée par le Conseil international des unions scientifiques dans le cadre de l'Année géophysique internationale, en signant le traité sur l'Antarctique, une première donnant à ce continent un statut unique de terre de paix et de science. C'est grâce à lui que les glaces nous ont parlé, qu'une petite équipe de Français, avec le support aérien de l'US Navy, a pu aller chercher dans les archives glaciaires de la base soviétique de Vostok, pôle de froid de la Terre, la preuve d'une corrélation entre températures et gaz à effet de serre. Est-ce parce qu'il n'y avait là aucun autochtone pour se battre, hormis quelques scientifiques ayant connu l'adversité des éléments, qu'un accord politique fut possible ? Est-ce espérer inutilement en l'homme qu'imaginer une telle gouvernance au niveau planétaire ?

Plus nous nous approchons du glacier, plus les distances deviennent floues. Les radars indiquent que nous en sommes encore à deux kilomètres quand l'œil croit n'en être qu'à quelques dizaines de mètres. De même, plus nous avons de connaissances, plus nous semblons ne savoir qu'en faire... Y a-t-il pire paradoxe ?

Il ne s'agit pas ici de sonner le tocsin, d'autres s'en sont chargés qui le font mieux que nous. Il ne s'agit pas de menacer ou de faire peur, parce que nous croyons au libre-arbitre de l'homme et à sa responsabilité individuelle. Il ne s'agit pas de maugréer : "Idiots que vous étiez, vous n'aviez rien compris", parce que nous aussi, nous étions aveugles... Il ne s'agit pas de dire : "Voilà ce qu'il faut faire !", car, au fond, nous n'en savons pas grand-chose... Mais il s'agit d'expliquer avec humilité : "De ce que nous avons vu, de ce que nous voyons, de ce que nous avons compris, voilà ce qui est." C'est là, en tout cas, dans l'Evigedhesfjord, le fjord de l'Eternité, en écoutant les craquements du glacier dialoguer avec les cris des mouettes, dans l'émeraude minérale du bout des mondes, que notre conscience s'est éveillée. Avec l'indispensable nécessité de raconter et de dire.

Page suivante : En été, en Terre Adélie ; les icebergs des glaciers de l'Antarctique vont fondre et disparaître dans les océans.

LES GLACES

Où l'on apprend que le gaz carbonique, qui joue un rôle dans la température régnant sur Terre, est en constante augmentation. Et que l'Antarctique est à la fois une clef de voûte du climat et un poste d'observation privilégié.

Je m'appelle Claude Lorius. J'ai 78 ans aujourd'hui, mais je n'en avais que 24 en ce mois de décembre 1956, lorsque, la veille de Noël, le *Norsel,* un phoquier puant, graisseux et inconfortable, nous déposa pour la première fois, mes camarades et moi, en Terre Adélie. 1 000 kilomètres séparent le continent antarctique de la pointe de l'Amérique du Sud, 2 500 de l'Australie, 4 000 de l'Afrique. Après de longs jours en mer sur le vieux cargo, après avoir franchi les eaux rendues tumultueuses par la confrontation des vagues de l'Atlantique et les eaux froides du courant qui, en contournant l'Antarctique, en marque les véritables limites naturelles, nous ressentions un immense bonheur à mettre le pied sur ces côtes inhospitalières. Le contact de la glace, les colonies de phoques, d'oiseaux et de manchots, et même le vent glacé étaient une sensation enivrante. Un soleil blafard baignait d'une frange rosée le plateau qui montait devant nous, infini, mystérieux, sans relief. La naissance du monde.

J'avais répondu à une petite annonce placardée à l'université : on recrutait de jeunes chercheurs pour des campagnes d'exploration. Je n'étais qu'étudiant alors et je passais beaucoup de mon temps sur les terrains de football, un atavisme familial (un de mes frères évoluait en équipe internationale B) qui avait deux mérites : faire travailler l'esprit d'équipe et maintenir en forme physiquement. Pour ces campagnes, on enrôlait des gens résistants. Pour être sélectionné, j'envoyai donc une photo de moi en tenue de footballeur – équipe de France universitaire. A quoi cela tient de partir pour l'aventure ? A une forfanterie ? Au hasard ? Je fus accepté. Et puis, entre une mission au Sahara et un travail d'explorateur dans les régions polaires, j'avais choisi, jeune géophysicien, les rigueurs extrêmes du continent blanc.

Examens médicaux, ablation de l'appendice, préparation physique et morale. Je sentis très vite que cette histoire-là n'était pas comme les autres. Il y a une vraie communauté des "polaires", des gens qui se frottent à ces latitudes extrêmes. On me fit rencontrer Paul-Emile Victor, puis Bertrand Imbert, qui sera le responsable des programmes français de l'Année géophysique internationale, et aussi Georgi et Fritz Loewe. Les deux hommes étaient des rescapés d'un hivernage historique à la station Eismitte, au centre du Groenland, en 1931 – tout juste un an avant ma naissance. Mais, quand on a 23 ans, on écoute les anciens d'une oreille et l'on se dit : "On va se débrouiller." On n'est jamais vraiment préparé à son destin.

Avec le recul, je pense que je fus mon premier sujet d'études. L'homme est mu par une profonde curiosité, l'envie d'aller voir plus loin. Et le goût de la science n'était alors que celui de l'aventure. Aussi ne quittais-je Besançon et les monts du Jura ni par sagesse ni par devoir, mais avec l'envie de me frotter à la nature, et à l'inconnu. Pour la science, nous n'avions aucune idée de ce que nous allions trouver. Et c'était sans doute le moindre de mes soucis. A l'époque, on ne

connaissait pratiquement rien des glaces, des températures en ces lieux extrêmes, de la cartographie de ce continent. 12,5 millions de kilomètres carrés recouverts d'une couche de glace dont l'épaisseur moyenne atteint près de 2,5 kilomètres, des montagnes presque infranchissables, des crevasses abyssales, des vents qui vous emportent, et, six mois par an, la nuit qui vous enveloppe. Autour de ce continent flottent sur la mer 1,5 million de kilomètres carrés de vastes plates-formes qui font plus de 400 mètres d'épaisseur. Plus loin encore, c'est la banquise qui emprisonne les navires quand les grands froids reviennent, les enserre et les broie. C'est sur la base de Vostok, au cœur de ce continent désertique, que les Russes enregistrèrent la température la plus basse jamais mesurée sur Terre : -89,3 °C.
Depuis la fin de la Seconde Guerre mondiale, en effet, les grandes puissances avaient commencé à s'intéresser à l'Antarctique pour autre chose que ses baleines. Quelques hivernages, quelques raids, des arrière-pensées stratégiques, scientifiques ou minières : l'homme avait mis le pied sur cette nouvelle frontière. Mais, à l'époque, si les côtes étaient connues, on ignorait pratiquement tout de l'intérieur du continent. Or le Conseil international des unions scientifiques avait décidé de coordonner cette année-là les efforts de chercheurs venus du monde entier dans l'étude systématique d'une planète pourtant engluée dans la guerre froide. Entre 1957 et 1958, notre connaissance des phénomènes géophysiques mondiaux allait ainsi faire d'énormes pas en avant.
Il s'agissait notamment pour les géophysiciens de profiter d'un pic de l'activité solaire pour étudier les liens pouvant exister entre le Soleil et certains phénomènes terrestres – champs magnétiques, aurores boréales, gaz de l'atmosphère, climat – en utilisant les nouvelles techniques développées durant la Seconde Guerre mondiale. On s'apprêtait à lancer dans l'espace les premiers satellites. Les Russes mirent Spoutnik en orbite le 4 octobre 1957. Et Explorer 1 fut lancé par les Américains le 31 janvier 1958, permettant notamment à James Van Allen de découvrir les ceintures de radiation qui protègent la Terre du vent solaire. Et dans cette histoire, l'Antarctique allait devenir un enjeu central. Douze pays

– ceux qui seront signataires du traité sur l'Antarctique en 1959 – y installèrent ainsi pas moins de quarante-huit bases, dont quatre stations seulement à l'intérieur du continent glacé. L'intérêt des chercheurs pour ces territoires désertiques ne s'est jamais démenti depuis.

En cette fin d'année 1956, nous débarquions dans l'inconnu, sur les traces de tous les explorateurs qui pensèrent autrefois y trouver un nouvel éden. Avant Cook, en 1773, personne n'avait même franchi le cercle polaire austral. Jusqu'à ce que les expéditions les unes après les autres rapportent de ces latitudes le récit non d'un paradis perdu mais d'un désert mangeur de vies et gourmand d'exploits.

Le premier qui mit pied sur ces terres, où nous étions maintenant, le 20 janvier 1840 s'appelait Dumont d'Urville – il planta là le drapeau de la France, ouvrit une bouteille de vin pour fêter l'occasion (mais y perdit, le distrait, sa tabatière), et donna à la Terre Adélie le prénom de sa femme. Et la sommaire base côtière dans laquelle nous débarquions portait en hommage son nom à lui. Mais ce que ni Dumont d'Urville ni Charles Wilkes, James Clark Ross, Ernest Shackleton, John Scott, Roald Amundsen, Jean-Baptiste Charcot… – tous ces explorateurs qui bravèrent les barrières de la nature au nom de la civilisation – ne savaient, ce que *nous* ne savions pas, c'est que l'Antarctique n'était pas un désert comme les autres, il était un balcon. Et sa vue sur le monde était imprenable.

1er février 1957, station Charcot, Terre Adélie : *Notre petite baraque est enfouie sous la neige ; c'est un demi-cylindre (un peu comme la forme du métro à Paris) de deux mètres de rayon. La surface au sol est de quatre mètres sur six et va constituer tout notre royaume de confort. Les panneaux de duralumin entre lesquels est placée une couche de six centimètres d'isolant sont intérieurement peints en vert. La porte d'entrée donne sur le coin cuisine et repas ; à droite, la petite cuisinière à gaz butane, les étagères de boîtes de conserves à dégeler et les casseroles qui pendent, brillantes, à rendre jalouse maman... A côté, la table. Pour manger bien sûr, mais ce sera aussi la surface à tout faire de la maison : mécanique, jeux, table à dessin. C'est là que je suis parfois installé pour écrire ; à côté de moi, les rayons sur lesquels nous installerons notre pharmacie, nos livres, notre pick-up et le coin des outils. Jacques, Roland et moi avons souvent discuté et pensé notre installation lors de ces soirées d'avant départ que j'aimais tant, à Paris, alors que mûrissait notre amitié, en choisissant nos disques et la teinte du pull de chacun de nous qui rendraient notre fond de couleur un peu moins monotone.*

Des pans de contreplaqué débordant des liaisons entre panneaux marquent la séparation de la cuisine avec nos postes de travail respectifs. D'un côté Jacques avec les indicateurs de l'éolienne qui nous fournira notre courant, et les appareils radio qui permettent une liaison avec nos camarades de la station côtière, Dumont d'Urville. De l'autre, Roland et moi avec nos espaces respectifs à aménager pour nos instruments et nos surfaces de travail. Au milieu, le poêle. Nous avons rempli ce soir le réservoir de gasoil ; il fait très bon et c'est en bras de chemise que j'écris. Depuis mon duvet je verrai danser les flammes. J'aime beaucoup voir le feu ; il vous aide à penser, à rêver, un peu comme l'eau. C'est ma compensation puisque nous avons tiré au sort les places de nos lits et que Jacques et Roland ont eu la chance d'hériter des coins, plus intimes...

315 kilomètres séparent la base côtière de la station Charcot. 315 kilomètres d'un dénivelé lent qui nous fait monter à 2 400 mètres d'altitude et quitter des températures qui, à Dumont d'Urville, peuvent parfois, en été, passer au-dessus du zéro quand, sur le plateau, les maxima ne dépassent pas -30 °C. Sur la côte, les paroles des humains, les cris des manchots et des oiseaux font comme

une musique, la mer et les rochers colorent le monde de tons changeants et il y a dans l'air une odeur forte de guano. Sur le plateau, au contraire, on ne rencontre que le silence absolu ou le bruit du vent, il n'y a plus un objet, plus un iceberg pour accrocher le regard et ouvrir une brèche entre le tout proche et l'infini. 315 kilomètres ? Un raid de trois semaines face au blizzard, ce vent violent qui charrie grains de neige et particules de glace, stoppant le convoi de chenillards qui s'enneigent pendant de longs jours... Et puis, alors qu'on ne l'attend plus, la station émergeant de nulle part : deux cheminées, une trappe, des antennes radio sur lesquelles carillonnent joyeusement deux grelots.

Un petit balcon déshérité. Mais nous l'accueillîmes comme ce qu'il était : notre nouvelle maison. Le 30 janvier 1957, quand l'hiver austral arriva, nous étions en place et le serions pour l'ouverture de l'Année géophysique internationale de 1957-1958 qui allait débuter au milieu de l'hivernage, le 1er juillet : nous serions la première équipe française à hiverner une année durant sur le plateau antarctique. Un travail d'exploration à la fois scientifique et humain. Le hasard seul sans doute m'avait mis au cœur de l'histoire. Exilé volontaire, j'étais devenu explorateur, sans bien savoir alors que j'explorais bien plus qu'un désert glacé.

Totalement enfouie sous la neige, en ces lieux où il n'y a plus d'autres bruits naturels que celui du vent, la base Charcot préfigurait sans doute ce à quoi pourrait ressembler la vie sur une Terre déréglée et hostile. Violemment trop chaude, ou violemment trop froide, désertique pareillement. Nous n'y pensions guère, mais nous en revînmes en ayant appris sans doute bien autre chose que ces modestes missions de géophysiciens et de glaciologues que nous étions venus y accomplir... Nous y apprîmes le confinement.

Car s'il est un lieu où l'on apprend que l'espace a une limite, que la vie est précaire, que la solidarité est une valeur, que les ressources se cultivent et s'épargnent, c'est bien là, au milieu du grand néant glacé. Et le parallèle entre notre petite planète perdue dans l'univers et les quelques mètres carrés de cette base qui n'en avait que le nom apparaît, avec le temps, justifié. 6,8 milliards d'individus confinés sur une planète qui a utilisé ses réserves et ses vivres n'ont plus qu'à apprendre la solidarité qui aide à lutter, la peur qui maintient éveillé, la joie qui, chaque jour, donne un sens à la vie et l'espoir qui permet d'attendre le lendemain.

Station Charcot. Terre Adélie, le carnet encore : *Absorbés dans notre vie de tous les jours, un peu plus crasseux et barbus chaque soir. Le 9 mars, soudainement, l'éolienne s'est arrêtée ; il a fait -40 degrés cette nuit, et le matin au réveil, nous n'entendons plus le ronronnement familier. Les batteries se sont déchargées aussi ; ce soir nous ne ferons pas de liaison radio.* Sans électricité, faute d'éolienne, pendant de longues semaines, la base Charcot restera privée de toute liaison avec le monde. Toujours le carnet de bord : *Chaque matin, en nous levant, nous allumons une lampe à pétrole, éclairage chiche qui fait que peu à peu nos cloisons et nos appareils se couvrent aussi d'un film graisseux noir. Bientôt nous n'aurons plus de pétrole ; maintenant nos lampes fonctionnent avec un mélange "pétrole-gasoil", et le rendement n'est pas merveilleux... Nous voici revenus aux données premières : le feu, source de chaleur et de lumière. Si l'éclairage est pauvre, le poêle heureusement fonctionne bien, suffisamment pour que nous puissions travailler en chemise et pull, mais pas assez pour faire disparaître la glace qui s'accumule dans les encoignures. Parallèlement, il nous faut compléter notre implantation ; nous avons maintenant charrié près de 300 mètres cubes de neige, soit 120 tonnes ; les vivres de première urgence sont stockés à l'abri et, couvercle enlevé, les caisses empilées laissent voir les fonds blancs des boîtes de conserves puisque tout est pratiquement sous cette forme. Roland a l'art d'accommoder de mille et une façons la boîte de bœuf en gelée qui revient trop souvent. Faim satisfaite, reposant nos assiettes que nous avons trouvé bien plus rationnel de ne pas laver, nous travaillons beaucoup trop, non comme des hommes de science, mais avec pelles, pioches, barres à mine. Nous perdons le goût des activités intellectuelles avec des yeux déjà fatigués de notre univers limité ; l'électrophone est inutilisable ; comme nous aimerions un bon vieux phonographe. Pas le temps non plus de faire retraite sur soi-même ; aux prises avec les urgences de vie, dans la promiscuité du moindre de nos actes, il nous est très difficile d'échapper à cette atmosphère pesante qui nous étreint.*

Qui parlait de décroissance ? Dans ce monde glacé où la moindre chose possédée devient une richesse, où l'homme doit se débrouiller avec des bouts de ficelle et trois paires de gants superposées, où l'éternelle et démoralisante question des périodes d'infortune – "Que suis-je venu faire ici ?" – résonne en écho perpétuel alors qu'il n'y a pas d'écho, où pendant un an chacun sait qu'il n'aura rien d'autre que ce qu'il a pour se nourrir, on apprend ce que survie veut dire, ce que pauvreté induit, et ce que gaspillage détruit. Si un jour, dans des milliers d'années, nous revenons dans l'ère glaciaire, nous serons contents d'avoir gardé une parka, un vieux tournevis, et la faculté de sourire.

La Terre est un tout. Nous n'avons qu'une atmosphère, les eaux profondes formées dans l'océan Austral se retrouvent dans les hautes latitudes nord, de grands oiseaux migrateurs volent d'un pôle à l'autre. Et dans un hémisphère Sud principalement occupé par les eaux océaniques, l'Antarctique est une maille essentielle de compréhension du système Terre.

Les régions polaires sont les puits de froid de la planète ; elles influencent la circulation générale de l'air principalement gouvernée – en plus de l'effet lié à la rotation du globe – par la différence de température entre les régions chaudes autour de l'équateur et les pôles. Aux bouts du monde, l'étendue de la glace de mer et ses grandes variations saisonnières sont déterminantes pour le rayonnement solaire que la Terre absorbe : la glace a un pouvoir réfléchissant (l'albédo) très important : moins il y en a, moins elle renvoie de lumière vers l'espace. Par ailleurs ces glaces contrôlent les échanges de chaleur entre l'atmosphère et la mer. Les eaux froides et denses polaires alimentent les zones profondes des océans, refroidissant d'environ 2 °C plus de la moitié de leur volume. Les pôles contribuent ainsi à l'équilibre des climats à l'échelle du globe. Enfin la circulation des eaux polaires est aussi un facteur clé pour le contrôle des teneurs de l'atmosphère en gaz carbonique, parce qu'elles entraînent vers les profondeurs ce gaz plus soluble dans les eaux froides avec la complicité de la biosphère marine.

Mais à Charcot nous n'en étions pas encore là. En tant que glaciologue, je me bornais à mesurer l'accumulation de la neige, l'épaisseur de la glace... ainsi que le bilan radiatif afin d'expliquer pourquoi il faisait si froid. Il faut un début à tout. Des observations simples, mais par lesquelles il fallait nécessairement passer pour aller de l'avant. J'apprendrai que si je creuse un trou d'une douzaine de mètres et que j'y place un thermomètre, j'obtiendrai la température moyenne annuelle du lieu... Grâce à un "carottier" encore artisanal – un perforateur vertical permettant de remonter des échantillons de glace sous forme de tubes ou, comme le veut le jargon, de carottes – je constatais également qu'on pouvait distinctement y observer la succession des neiges d'été et d'hiver, ce qui dans les régions centrales de l'Antarctique permettait de dater les glaces récentes. Nous n'en avions pas conscience, mais l'année 1957 marqua réellement en Antarctique le début de cette histoire d'exploration et de surprises, de découvertes et de prises de conscience.

Et ce n'est sans doute pas un hasard si cette année-là, dans le cadre de la mobilisation géophysique internationale, survint un autre événement majeur pour la suite de cette histoire. Alors qu'après douze mois d'isolement complet nous en étions à ranger nos cahiers et nos résultats en attendant la relève, un autre chercheur installait sous des latitudes combien plus clémentes ses appareils de mesure pour analyser en continu les variations de la concentration du gaz carbonique dans l'atmosphère. Venu de la prestigieuse Scripps Institution of Oceanography (où il avait rejoint le professeur Roger Revelle, le futur mentor d'Al Gore), Charles David Keeling sera le premier à donner l'alerte du haut des 3 400 mètres d'altitude de l'observatoire du Mauna Loa à Hawaï, en plein cœur du Pacifique : la teneur en gaz carbonique relevée dans l'atmosphère s'y avérait en concentration anormale et en augmentation !

L'air est essentiellement un mélange d'azote (78 %) et d'oxygène (21 %). Mais il en contient bien d'autres, présents à l'état de traces. Notamment le dioxyde de carbone, appelé familièrement gaz carbonique et noté en chimie par les lettres CO_2. Les concentrations en sont si faibles qu'à les examiner on se perd rapidement parmi les zéros, aussi note-t-on ses mesures en "parties par million" : ppm. Pourquoi, direz-vous, s'intéresser alors à un gaz présent en si infimes quantités ? Parce que, lorsque les rayons du soleil atteignent la surface de la Terre, ceux-ci sont renvoyés en très grande partie vers l'espace, mais certains gaz comme la vapeur d'eau, le dioxyde de carbone ou le méthane retiennent captifs une partie de ces rayons, maintenant ainsi sur la surface de la planète, comme sur nulle autre ailleurs dans l'univers, une température propice à la vie. C'est ce qu'on appelle l'effet de serre. Et c'est parce que au fil du temps les premiers micro-organismes apparus sur notre écorce rocheuse se sont mis à produire ces gaz à effet de serre que la vie a pu s'y développer. On considère que sans l'action de ces gaz, la température moyenne à la surface de la Terre serait aujourd'hui de -18 °C. Hélas, comme toute chose tient dans son équilibre, trop d'effet de serre c'est trop de chaleur et trop de chaleur, c'est la fonte des glaces, l'assèchement des rivières, la désertification, la vie qui se meurt. La Terre est un peu comme un être humain : à 30 °C, il est mort, à 45 °C aussi. La bonne fièvre est à 37...

Charles David Keeling commença ses premières mesures en mars 1958 : 315,58 ppm. Mars 1959 : 316,37 ppm. Si au cours d'une année les valeurs varient fortement en fonction des saisons (le cycle du carbone est lié au cycle de la nature, aux feuilles qui régénèrent l'oxygène, au plancton qui engrange le gaz carbonique), en revanche, d'une année sur l'autre, sa présence dans l'atmosphère ne va cesser d'augmenter. 319,99 en 1965 ; 325,51 en 1970 ; 331,00 en 1975 ; 338,36 en 1980... Une centaine de stations installées au fil des ans à travers le monde viendront confirmer le travail de Charles Keeling. Et son intuition. Car le chercheur ne se contente pas de tracer une courbe, analysant tous les facteurs de production et d'absorption de gaz carbonique, il en déduit que ce phénomène

est le résultat de l'activité humaine – déforestation et consommation des énergies fossiles… La courbe de Keeling est aujourd'hui au-dessus de la barre des 380 ppm… Alors que l'on considère qu'avant la révolution industrielle, le niveau de gaz sur la Terre était resté stable pendant des milliers d'années à 280 ppm pour les périodes chaudes – et seulement 180 ppm pendant les âges glaciaires du Quaternaire. Mais ça on ne le sait pas encore. Ce sont les glaces qui nous en livreront le secret.
3 septembre 1957, station Charcot, Terre Adélie : *-33 °C, pas de vent ; j'ai marché vers l'infini pour mon plaisir, ressentant une curieuse impression : à la fois des ressources intérieures de l'homme qui peut vivre dans une telle nature immense et hostile, bien que sans malveillance, et de sa faiblesse à changer cette nature afin de la rendre plus humaine.*

Tout chercheur, qu'il soit au fond d'un laboratoire, derrière des appareils de mesure perfectionnés ou, comme moi, en prise avec les éléments, est un explorateur en *terra incognita*. Le jeune glaciologue que j'étais, enserré dans un terrier scientifique au milieu du grand nulle part, était tombé amoureux de cette planète blanche et hostile. Revenu en France, je devais effectuer mon service militaire. Mais j'avais désormais une expérience. Et c'est ainsi qu'à nouveau volontaire, je fus embarqué dans un vaste raid d'exploration avec les Américains en Terre de Victoria.
Il y a deux façons de raconter cet épisode-là. L'aventurière d'abord : le froid incroyable, les sacs de couchage couverts du givre de nos respirations, les pensées bloquées par le gel, 2 500 kilomètres à travers l'inlandsis, découvrant une chaîne de montagnes inexplorées (j'y ai gagné un mont Lorius dans les atlas américains – il faut dire qu'il n'y avait que l'embarras du choix et je doute que jamais personne

n'y mette les pieds), et franchissant des champs de crevasses dans lesquels les chenillards manquaient à tout moment de disparaître. Nous n'avions pas encore les satellites pour nous guider et explorer les territoires de là-haut. Je reverrai toujours le visage d'enfant de Tom, le mécanicien de la troupe, un peu crispé lorsque, seul à bord d'un véhicule pendu au-dessus du vide, il ne comptait que sur la solidité de notre pontage fait avec des madriers placés sous les chenilles pour s'en sortir.

Et puis il y a la manière scientifique de raconter tout ça : géodésie pour fournir les repères géographiques, mesure des altitudes, détermination des épaisseurs de glace par prospections gravimétriques et sismiques, stations glaciologiques, données météorologiques... Jack et Franz installant leurs géophones et plaçant une charge d'explosifs de quelques kilogrammes au fond du trou où j'ai relevé la température. Après réglage de leurs amplificateurs, filtres et galvanomètres, ils enregistrent les ondes produites par l'explosion et réfléchies par le socle rocheux. Connaissant la vitesse, le temps de propagation donne l'épaisseur de la couche de glace ; au fur et à mesure de nos différentes haltes, les résultats varieront entre 2 800 et 3 300 mètres. Avec une altitude de la surface voisine de 2 500 mètres, le socle rocheux en Terre de Victoria est en dessous du niveau de la mer.

En réalité, cette division entre aventure et science n'a pas lieu d'être, elles sont les deux visages d'une même curiosité humaine. Celle qui pousse neuf garçons – six Américains, un Hollandais, un Néo-Zélandais et un Français – à partir à l'inconnu. Celle qui mène à la découverte. Même si parfois on ne découvre rien ; même si ce qu'on découvre n'est pas toujours ce que l'on voudrait découvrir...

De ce voyage je rapporterai de nombreux enseignements. D'abord le sens de la coopération internationale entre scientifiques, maniant l'anglais, la diplomatie et la solidarité, et gagnant de vraies amitiés avec les équipes américaines qui s'avéreront incontournables pour la recherche en Antarctique.

C'est à l'occasion de cette campagne, à Mac Murdo puis à Washington lors de mon voyage de retour, que je rencontrerai les responsables des programmes antarctiques de la National Science Foundation, et parmi eux le glaciologue Dick Cameron avec qui je partage les mêmes passions et expériences des hivernages dans les stations isolées pendant l'Année géophysique internationale. C'est grâce à lui que j'obtiendrai bien des années après le support aérien des Américains pour la réalisation de notre premier grand forage, celui du Dôme C.

Lors du raid, à intervalles réguliers, j'avais prélevé des échantillons conditionnés soigneusement. La glace est de l'eau gelée constituée d'atomes d'hydrogène et d'oxygène. Il existe pour chacun d'eux différents isotopes qui n'ont pas la même masse. Par exemple l'hydrogène est partagé entre des isotopes de masse 1 (à qui on conserve le nom d'hydrogène et qui sont présents en plus grande quantité), et ceux de masse 2, le deutérium, qui ont des propriétés physiques différentes. Le Danois Willi Dansgaard avait suggéré que lorsque la neige se forme dans l'atmosphère, la proportion de ces atomes variait avec la température dans les nuages. L'analyse effectuée au retour au Centre d'études nucléaire de Saclay nous donna des résultats allant au-delà de nos espérances : le rapport entre la quantité de deutérium et celle d'hydrogène diminuait d'un point chaque fois que la température baissait d'un degré. La concentration des différents isotopes qui constituaient la glace était corrélée à la température à laquelle elle s'était formée. Nous avions inventé là l'outil qui serait à la base des découvertes à venir : le thermomètre isotopique.

Restait à déterminer l'âge des glaces. Grâce à notre hivernage à la station Charcot, nous savions qu'il suffisait de regarder la densité et la taille des cristaux plus gros dans les neiges d'été que dans celles déposées en hiver pour déterminer les âges récents. Plus en profondeur, nous nous appuierions sur les traces laissées par les tests nucléaires ou les poussières émises par des éruptions volcaniques connues. Enfin, dans le lointain passé, la succession des chauds et froids de la planète liés à la balade de la Terre autour du Soleil, calculée avec précision par les astronomes, permettrait la datation des échantillons.

Il apparaissait ainsi qu'on pourrait reconstruire les climats du passé en remontant le temps par des forages profonds dans les glaces polaires. L'Antarctique, continent isolé d'un point de vue climatique, enfermé au milieu des océans, présenterait pour cela des conditions uniques. Plus loin on creuserait, plus loin nous irions dans le passé. Pour cela, il faudrait des sites où la glace ne fond jamais, où elle est épaisse et les chutes de neige peu importantes. Il nous faudrait aller dans les régions les plus centrales, inexplorées, froides et difficiles à atteindre.

Page suivante : Les carottages permettent de prélever les glaces profondes et anciennes.

LE SECRET

Où l'on découvre dans les glaces qu'il y a une corrélation certaine entre la température du globe et la présence de gaz carbonique dans l'atmosphère. Et que ces deux courbes augmentent de façon menaçante depuis que l'homme a inventé l'industrie.

La scène se situe en 1965, non loin de la base Dumont d'Urville en Terre Adélie. Au soir d'une journée de carottages particulièrement ratée et pénible, nous prenons l'apéritif avec Bill Budd, un chercheur australien, dans la caravane qui sert d'abri à notre petite bande de glaciologues. Whisky "on the rocks" [avec glaçons], comme il se doit... Ce jour-là, tentés par le sacrilège, nous glissons dans nos verres des morceaux prélevés au fond de ce maudit forage à une centaine de mètres de profondeur. Ils doivent avoir des milliers d'années... Or les glaçons de profondeur, très compressés, sont particulièrement pétillants, au point de donner au whisky des allures de verre de champagne. Et là, en regardant dans

mon verre éclater les bulles d'air libérées de leur pression, j'ai la brusque intuition que la glace pourrait contenir les archives de l'atmosphère.
Qu'est-ce qui fait que les anecdotes comme celle-ci restent célèbres ? C'est qu'elles racontent ce moment inattendu de l'intuition. Le fait est que ce verre de whisky va désormais nous guider dans la recherche et l'analyse de ces bulles de gaz que renferme mon glaçon, emprisonnées dans le glacier depuis des dizaines de milliers d'années, vont se révéler les témoins de l'atmosphère du passé.
Mais qui s'inquiète de l'atmosphère du passé en 1965 ? Qui s'inquiète de l'atmosphère tout court, à part quelques chercheurs travaillant directement sur ce domaine comme Charles David Keeling ou quelques esprits écologistes éclairés ? Pour nous, la composition de l'atmosphère est à l'époque une préoccupation bien moins importante que la température du passé dont nous voulions percer le secret. Et puis, à ce moment-là, nous n'avions aucun moyen technique pour extraire l'air emprisonné et l'analyser. Ce n'était qu'une idée en l'air. Mais elle trotta longtemps dans nos têtes... En fait, il nous faudra attendre plus de vingt ans pour que cette intuition débouche sur une réalité avec les campagnes de forages profonds.
L'histoire des découvertes est un tâtonnement permanent. Parfois elle suit le développement de nouvelles technologies. Parfois elle les suscite. Elle est un mélange de constat, de raisonnement et aussi d'intuition. Mais surtout, elle nécessite de la patience. La glace apprend la sagesse. Alors que le monde dans lequel nous vivons ne supporte plus de regarder le temps s'égrainer, la nature extrême vous rappelle à votre démesure...
Dans les années 1960, les glaciologues de cinq pays membres du SCAR (Scientific Commitee on Antarctic Research), Américains, Anglais, Australiens, Français et Russes, qui travaillaient dans un large secteur de l'Antarctique de l'Est, avaient mis en place le Programme IAPG (International Antarctic Glaciological Program). Il s'agissait de cartographier altitudes et épaisseurs de la glace jusqu'aux sommets de la calotte glaciaire et de réaliser au sol des raids d'exploration

pour déterminer notamment températures, accumulation de la neige et écoulement de la glace de l'inlandsis. Pour la première fois, se rencontreront à la même table scientifiques et responsables de la logistique des différents pays en Antarctique. On n'y sent guère l'esprit des drapeaux nationaux, mais surtout la volonté de réussir ensemble une recherche dans laquelle il y a encore de gigantesques lacunes. Ces rencontres se poursuivront jusqu'au début des années 1980 et c'est lors de l'une de ces réunions à Bremerhaven, en plein milieu de la guerre froide, que j'obtiendrai l'accord verbal des responsables américains et russes pour m'emmener, avec deux de mes compagnons, à bord d'un avion de l'US Navy à la station soviétique de Vostok, collecter des échantillons de glace obtenus par les foreurs soviétiques. Cet accord verbal, profitant de l'ombrelle du traité de l'Antarctique, sera finalement réalisé pendant l'"été" 1984-1985.

Mais nous n'en sommes pas encore là. Au tournant des années 1970, ce qui nous guide, c'est la volonté de percer les secrets des archives de la Terre en remontant loin dans le passé – au-delà du dernier réchauffement climatique de la Terre, il y a plus de dix mille ans – par des carottages profonds. Ce sera l'aventure du Dôme C. Et elle illustrera bien ce que nous venons de dire : patience et coopération.

Organiser une expédition, surtout sous ces latitudes, nécessite beaucoup d'investissement. Au bas mot deux ans de préparation, puis un an pour la mener, six mois pour ramener les échantillons et autant pour les analyser. Il va nous falloir développer des techniques spécifiques d'extraction, puis de mesures sur ces très faibles quantités d'air que contiennent les glaces. Et tout cela demande beaucoup d'argent. La recherche sur le terrain n'existe pas sans financement.

Pour choisir le bon emplacement, des campagnes de reconnaissance sont tout d'abord nécessaires. En Antarctique, les Américains ont mis en place une véritable infrastructure et sur leur base de Mac Murdo, deux cents personnes vivent tout au long de l'année, neuf cents pendant la campagne d'été. Quant aux Russes, ils ont installé plusieurs bases à l'intérieur même du continent. Pour nous, Français, il est difficile de les concurrencer. Nous avons tôt compris que nous ne pourrions jouer qu'une seule carte, mais elle s'avèrera maîtresse : le contact humain. Et mettre en avant ce qui faisait notre force : le savoir-faire de nos laboratoires. Il est parfois utile d'être "non alignés", comme on le disait alors de la doctrine de politique étrangère de la France, et de bénéficier d'un système public de recherche donnant une assise internationale. Sans cela, toute cette aventure aurait-elle été possible ?

Américains, Soviétiques, Australiens et Français ont un programme commun dans un secteur englobant la Terre Adélie. Ils affrontent les mêmes difficultés, se donnent des coups de main et se concertent. Des raids sont ainsi organisés à partir des bases côtières de Casey, Dumont d'Urville et Mirny, et les Américains, les seuls à posséder de puissants avions équipés de skis – des C130 Hercules –, offrent leurs moyens aériens à partir de leur base de Mac Murdo. Mais les raids s'avèrent difficiles, coûteux en énergie et en moyens. Voilà que les Anglais aussi se sont joints au projet : ils maîtrisent en effet une nouvelle technique de mesure des épaisseurs de glace avec un équipement de sondage radioélectrique qui va nous permettre de déterminer les profils de la surface et du socle rocheux à partir de vols aériens.

2 décembre 1974. J'envoie enfin à Paris le message victorieux : *Avons survolé la zone du Dôme C. Sondages radioélectriques indiquent topographie surface et socle rocheux favorables pour site forage. Coordonnées : 74°40'S, 124°10'E ; altitude : 3 250 mètres ; épaisseur de glace : 3 500 mètres. D'après pilote, conditions surface paraissent satisfaisantes pour atterrissage C130.* C'est là que va se jouer la première étape de notre compréhension du système climatique ; que nous allons avoir enfin une trace scientifique des climats successifs de la Terre en remontant à des périodes archaïques, quand l'homme lui-même n'était pas encore là.

Dès l'année suivante, nous partons donc à l'assaut du Dôme C. Pour cela nous sommes une petite équipe à y mettre en place le camp à partir duquel seront effectués les forages. *28 décembre 1975. C. Lorius à Expéditions polaires Paris* via *Mac Murdo : nous sommes posés hier matin à 2h40 au Dôme C. Le C130 a déposé quatre*

Français : Jean Campin, Claude Chauffriasse, François Gillet et Claude Lorius, William Voigt de la NSF *et Narcisse Barkov de l'Institut de Leningrad avec 8 tonnes de matériel. Conditions atterrissage et décollage semblent satisfaisantes. Température : 35 degrés. Léger mal de tête et difficultés respiration. Liaison radio établie. Repos nécessaire après 40 heures d'activité pour monter le camp.*

Tout va se passer parfaitement jusqu'à notre évacuation. L'optimisme est sans doute la première qualité d'un explorateur, sinon il reste dans son sac de couchage ou dans sa maison à regarder la télé. Pour autant il sait que la nature est une chose indomptable et le futur un concept imprévisible.

15 janvier 1976. 19 heures, ciel clair, peu de vent. Nous avons fermé hermétiquement la grande tente avec biens protégés à l'intérieur, le groupe électrogène, le scooter des neiges et tout ce qui est fragile, sans oublier un mot de bienvenue et une bouteille de cognac pour ceux qui débarqueront l'an prochain. L'avion s'élance sur 3 à 4 kilomètres, décolle légèrement, touche à nouveau le sol. Et puis tout se passe très vite : la mise à feu des fusées Jeto dont l'avion est équipé pour aider à la poussée, une explosion, un morceau d'hélice qui perce la carlingue, le feu vers la porte arrière. On se retrouve dehors, abasourdis, avec quelques équipements de survie toujours sous la main. L'une des fusées a explosé, mettant le feu au moteur et déséquilibrant l'appareil qui se retrouve le nez planté dans la neige. A minuit, deux autres C130 se posent successivement. Un premier avion dans lequel se trouvent une partie des passagers et l'équipage accidenté fait plusieurs tentatives de départ, sans utiliser de fusées d'appoint. On le voit décoller, retomber... ça "danse" de plus en plus. L'un des skis se détache de l'avion. Encore une fois la neige amortira le choc... De nouveau il y a plus de peur que de mal, sauf pour les Américains qui ont perdu deux avions ; et nous, notre espoir de forages profonds.

Trois heures plus tard, le troisième C130 affiche complet. Dérouté de son vol vers le pôle Sud, il emporte quarante-trois personnes à bord : l'équipage opérationnel, les équipages accidentés, les passagers du pôle Sud et les occupants du camp Dôme C. Toutes les opérations américaines ont été suspendues : les deux derniers C130 opérant en Antarctique tournent au-dessus de nous. Nous nous attachons tous sur le plan incliné qui constitue la porte de la soute arrière pour soulager au maximum l'avant de l'appareil où se trouvent les skis. Pleins gaz... une minute, deux peut-être qui paraissent l'éternité dans l'avion qui tangue ; mise à feu des fusées et l'avion s'arrache. "Hurrah" général suivi de "*Fuck you Dôme Charlie !*"

Ainsi avance la recherche. Elle est à l'instar de l'histoire de l'humanité une succession d'accidents et de divines surprises. Mais autant dire qu'après cela, les Américains ne sont plus très chauds pour tenter l'aventure. Pourtant, et pour notre chance, c'est justement parce que les Américains vont vouloir récupérer leurs avions qu'ils vont installer au Dôme C un véritable camp, avec hangars, tentes et piste d'atterrissage damée, où, en 1977, une fois les avions récupérés, notre équipe française va pouvoir à son tour s'installer avec tout son matériel grâce, de nouveau, aux avions militaires de l'agence américaine National Science Fondation qui gère les crédits de la recherche aux Etats-Unis. Notre aventure climatique peut enfin commencer.

Au début nous utilisons un carottier électromécanique ; pour un premier essai en Antarctique, il donne de bons résultats. Avec un diamètre de dix centimètres, les carottes obtenues sont d'excellente qualité. Nous atteignons 130 mètres en trois jours. A cette profondeur, le névé s'est transformé en glace. Nous mettons maintenant en place le carottier thermique qui devrait être dans cette situation plus efficace. Le démarrage est laborieux. Il faudra trois à quatre jours de mise au point minutieuse pour que la progression devienne satisfaisante. Nous ne sommes qu'à 140 mètres le 11 décembre, mais à 425 mètres le 21, soit une progression de près de 30 mètres par jour. Les moteurs tournent jour et nuit, le câble se déroule autour du treuil, le carottier touche le fond puis fore lentement, on enroule le câble, on extrait la carotte, on vide le réservoir rempli d'eau... et le cycle recommence.

Les échantillons de glace sont transportés dans le laboratoire creusé dans la neige. Ils y sont examinés par transparence, et mesurés pour s'assurer de la continuité du forage. Il ne s'agit pas de rater quelques centimètres qui correspondraient à des décennies. Ensuite on découpe, à la scie à ruban, une mince couche verticale pour obtenir un échantillonnage continu avant de sélectionner de façon systématique des sections horizontales. Toutes les carottes et tous les échantillons sont placés sous gaines en polyéthylène soudées, étiquetées, répertoriées. Nous portons des gants en plastique propres pour ne pas contaminer la glace. Dans le laboratoire, le thermomètre indique -50 °C. Les prélèvements choisis pour les différentes analyses plus sophistiquées prévues en France sont enfin rangés dans des cantines isolées en attente d'être transportées jusqu'en métropole.

Sur place, c'est la surface moyenne des cristaux de glace qui nous est la plus utile. Pas besoin de haute technologie, on la détermine en comptant le nombre de cristaux qui existent dans une section de la carotte. Dans la glace récupérée à 100 mètres de profondeur, ceux-ci sont très petits, à peine plus de 1 millimètre carré, mais plus nous descendons, plus leur taille augmente. A 400 mètres de profondeur, la taille moyenne atteint 5 millimètres carrés. C'est ce que prévoyait la théorie... La surprise viendra plus tard.

Le 25 décembre, nous sommes à 600 mètres de profondeur. Là, au lieu d'augmenter, la taille des cristaux s'est mise à décroître et n'est plus que de 2,5 millimètres carrés. L'excitation nous gagne. D'après nos calculs tout théoriques d'avant la campagne, l'âge de la glace doit être d'environ 10 000 ans à 400 mètres de profondeur. Quittant la période interglaciaire actuelle, nous devons maintenant remonter vers la dernière glaciation qui a culminé il y a 20 000 ans. Cette décroissance de la taille des cristaux en dessous de 400 mètres aiguise notre curiosité. Discussions, réflexion... nous voilà conduits à penser que les températures du passé ont marqué les cristaux de glace ; plus elles étaient basses, plus ils seraient petits. En dessous de 400 mètres, la diminution de taille liée au refroidissement glaciaire l'emporterait sur la croissance liée à l'âge. Cette hypothèse sera confortée plus tard, après de savants calculs ; mais nous avons découvert, sur le terrain, un indicateur des variations du climat.

Toute carotte extraite est alors soigneusement examinée : la reprise de croissance des cristaux avec la profondeur devrait se produire lorsque la température se sera stabilisée dans la période glaciaire. En quarante-cinq jours, travaillant jour et nuit, nous descendons à plus de 900 mètres de profondeur. Une immense carotte de glace qui nous permettra de caractériser le climat sur plusieurs dizaines de milliers d'années et de remonter au-delà du dernier âge glaciaire que la Terre ait connu, il y a 20 000 ans !

Depuis que nous avons dressé la courbe des températures du passé au Dôme C, les choses ont changé. A Grenoble, en 1979, le laboratoire de glaciologie alpine de Louis Lliboutry – fondateur en France de cette science que le monde commence à découvrir avec intérêt – est rebaptisé, signe des temps, laboratoire de glaciologie et géophysique de l'environnement. J'en suis nommé directeur. La communauté scientifique commence à parler de réchauffement climatique. L'empreinte de l'homme dans ce phénomène apparaît de moins en moins hypothétique. Néanmoins, à ceux qui crient casse-cou, d'autres répondent méthodologie, prudence, pas de panique, attention aux effets de feedback, de rétroaction... Le monde a désormais besoin de preuves.

Dans l'Ouest de l'Antarctique, à la station de Siple, l'équipe suisse de Hans Oeschger a prélevé une carotte peu profonde pour analyser les bulles piégées dans la glace qui commencent à intéresser tout le monde. Le site de Siple a un mérite : les chutes de neige y sont suffisamment importantes pour que l'air soit rapidement piégé dans la glace, c'est-à-dire en une dizaine d'années à peu près, et la température suffisamment basse pour que les neiges ne fondent pas et gardent intactes les concentrations de gaz. De quoi étudier l'évolution de l'atmosphère récente depuis le début de l'ère industrielle. Car les gaz se mélangent rapidement dans l'atmosphère et l'air des bulles du pôle Sud est pratiquement le même que celui que respirent les Français, les Russes ou les Chinois dès qu'ils sont à la campagne. Or les carottes d'Oeschger vont montrer sur la période qui court depuis le début de la révolution industrielle une progression régulière de la teneur en CO_2 au fil des ans. L'information vient corroborer la courbe de Keeling. Le puzzle se met en place. La seule chose qui manque désormais est une vision plus lointaine pour avoir la preuve sur le long terme que cette augmentation est réellement une anomalie en comparant cette période à d'autres dans l'histoire de la Terre, et non pas un hasard de conjoncture, un simple accident qui se serait déjà produit dans un passé plus ancien. Pour cela, le mieux serait de pouvoir utiliser les glaces que les Soviétiques ont prélevées à Vostok et qui y dorment sagement en attendant qu'on veuille bien les réveiller.

A Vostok, un des points les plus froids et les moins accessibles de l'Antarctique, les Soviétiques entretiennent dans des conditions extrêmes une base à laquelle il est difficile d'accéder. Ils y forent depuis plusieurs années, et pour m'y être déjà rendu une fois auparavant, je sais que leur réfrigérateur contient un véritable trésor : plus de 2 kilomètres d'une immense carotte couvrant une période de... 150 000 ans. Curieusement, celle-ci a été jusqu'ici très peu exploitée. De nombreuses raisons sans doute : l'Institut des mines soviétique est principalement intéressé par le développement des techniques de forage ; les chercheurs se sont concentrés sur les mesures in situ (température, déformation du trou et écoulement de la glace) et sur l'étude de la structure du matériau glace. Sans doute parce qu'ils ont plus en tête la question de l'utilisation des ressources fossiles comme le pétrole que la recherche sur les températures et l'atmosphère. Du coup, très avancés dans d'autres domaines de la géochimie, les glaciologues russes ne disposent pas de techniques spécifiques pour exploiter la mémoire des glaces, un domaine dans lequel notre équipe est connue depuis la publication des résultats du Dôme C.

Au fil des années, loin des ambassades, j'ai développé, tant avec les Russes qu'avec les Américains, de solides contacts. J'obtiens des premiers l'autorisation d'utiliser les carottes de forages réalisés à Vostok et des seconds le support aérien nécessaire pour y accéder. Grâce à Dick Cameron, en charge des programmes polaires à la National Science Fondation et à Vladimir Kotlyakov, directeur du puissant Institut de géographie à Moscou. Le hasard, la chance ? Lorsqu'en 1957 moi-même j'hivernais à la station Charcot, tous deux passaient également l'année dans les bases américaine et soviétique antarctiques. Cela crée une solidarité, une compréhension... surtout lorsqu'en pleine guerre froide nous nous retrouvâmes de conférences en colloques grâce au traité de l'Antarctique. La même passion de chercheur, les mêmes aventures ; c'est là dans l'amitié qu'est né ce projet impensable.

Le 31 décembre 1984, nous sommes trois Français à débarquer à Vostok, pôle de froid de la Terre, base la plus secrète et la plus inaccessible du continent. On n'y parle que le Russe, il n'y a pas l'eau courante, encore moins d'eau chaude pour se raser, nous partageons une chambre de 8 mètres carrés et, alors que la relève tarde à arriver, les vivres deviennent de plus en plus rares. Mais les soirées sont joyeuses, et les journées bien remplies ; il faut trier, examiner, échantillonner, emballer, étiqueter.... Comme lors du forage au Dôme C. Mais ici nous n'avons pas à attendre la remontée toujours incertaine du carottier ; les 2 083 mètres de glace nous attendent soigneusement rangés dans les rayons des chambres froides naturelles creusées dans le névé. Dans les bons jours, nous “traitons” 30 à 40 mètres et, parfois, jusqu'à 100 mètres. Dans le froid, il faut beaucoup d'imagination pour penser que, jour après jour, nous remontons dans le temps ; que la glace qui défile entre nos mains sur le banc de découpe permettra de retracer l'histoire du climat et celle de la composition de l'atmosphère. Jusqu'où ? Peu de mesures sur le terrain car nous ne disposons pas de laboratoire, même sommaire, mais nous saurons plus tard que chaque mètre représente 80 ans, la durée d'une vie humaine.

Nous mettons sous plastique étanche plus de deux mille échantillons, qui seront plus tard, au moment des analyses, autant de points nous permettant de décrire l'évolution des températures. On examine les carottes par transparence ; on choisit les parties non fracturées lors du forage, car elles serviront à extraire les bulles qui ont conservé intacte la composition de l'atmosphère. Une chose nous frappe :

la disparition progressive des bulles d'air. Leur nombre commence en effet à diminuer à partir de 700 mètres ; à 1 300 mètres, la glace a la pureté du cristal, elle est parfaitement transparente. Pourtant l'air est toujours là, mais les bulles devenues minuscules sous la pression ont été absorbées dans la structure des cristaux. De retour à l'air libre, la glace respire et les précieuses bulles que nous voulons récupérer réapparaissent.

Enfin, les carottes serviront aussi à mesurer la concentration des "impuretés" contenues dans la glace. Il faut donc les nettoyer, les raboter, car, pour atteindre de telles profondeurs, les Soviétiques ont utilisé un fluide de remplissage du trou, des hydrocarbures, qui ont pu contaminer la couche extérieure. Mais rien n'a pu pénétrer l'intérieur de la glace, parfaitement étanche lorsqu'elle n'est pas fissurée.

Au final, le tri sera sévère – on ne peut en effet songer à évacuer 2 kilomètres de glace qui représentent près de 20 tonnes – mais la moisson sera riche. Au Commissariat à l'énergie atomique, à Saclay, dans le laboratoire de Jean Jouzel (aujourd'hui l'un des vice-présidents du GIEC, le Groupe d'experts intergouvernemental sur l'évolution du climat qui regroupe les grands spécialistes mondiaux et qui a obtenu conjointement avec Al Gore, en 2007, le prix Nobel de la paix), les spectromètres tournent jour et nuit. Deux mille échantillons dont il faut déterminer la teneur isotopique pour remonter de -20 000 ans à -150 000 ans dans l'histoire climatique de la planète.

Au fur et à mesure que nous descendons le long de la carotte de glace, nous remontons le temps : à 250 mètres, nous quittons la chaleur de l'Holocène ; à 500 mètres, nous sommes en plein dans l'âge glaciaire ; à 1 000 mètres, coup de froid ; idem à 1 500 mètres ; entre ceux-ci, des remontées partielles de la température. Puis celle-ci augmente, et à 1 850 mètres elle est légèrement supérieure à celle que nous connaissons aujourd'hui. A 2 000 mètres de profondeur, nous avons atteint l'âge glaciaire précédent. Formidable ! Nous disposons enfin d'une courbe décrivant les températures sur l'ensemble du dernier cycle climatique ! Mais ce n'est pas tout… Nous attendons plus impatiemment encore les travaux du laboratoire de Grenoble, où Dominique Raynaud, Jean-Marc Barnola et Jérôme Chappellaz traquent les molécules contenues dans les bulles d'air. Les données sur le gaz carbonique viennent d'abord : températures et teneurs de l'atmosphère en CO_2 vont de pair. Pendant les minima glaciaires, les concentrations de dioxyde de carbone sont voisines de 200 parties par million, alors qu'elles atteignent 280 ppm pour l'interglaciaire actuel – avant la révolution industrielle – et ont dépassé 380 aujourd'hui.

Muni de ces premiers résultats pas encore publiés, je me rends à Villach, en Autriche. La Conférence internationale sur le climat qui s'y tient en 1985 marquera un tournant dans l'analyse de la question. Soyons modestes, ce n'est pas à cause de mon intervention, mais nous étions dans le bon timing. C'est à Villach que la communauté scientifique qui restait largement divisée sur la question du réchauffement fera véritablement son *aggiornamento* en concluant que les émissions de CO_2 conduiraient dans la première moitié du XXIe siècle à une température que l'homme n'a jamais connue ! Et c'est à Villach que je récolterai les premières marques de reconnaissance de mon travail d'explorateur.

Bénéficiant des retombées dans les milieux scientifiques, je serai un an plus tard, et à ma grande surprise, élu président du SCAR, l'organisme international qui coiffe toute la recherche scientifique en Antarctique, pour une durée de quatre ans. J'entrerai aussi comme membre "correspondant" à l'Académie des sciences dont je deviendrai membre permanent en 1994. J'ai compris depuis longtemps combien une partie de mon travail – dans l'organisation des expéditions, dans la mise en avant des recherches – est politique. Et combien nous, scientifiques, devons souvent manœuvrer pour œuvrer. Nos résultats me vaudront d'être invité par le Premier ministre, Michel Rocard. Le ministre de la Recherche Hubert Curien me confiera la présidence d'un nouvel Institut polaire. Dans les séances de la section des Sciences de l'univers de l'Académie, on parlera de la publication de livres pour rendre les résultats des recherches accessibles au public. Ce sera chose faite pour nous avec les *Glaces de l'Antarctique* paru chez Odile Jacob. Sur les plateaux de télévision, je croiserai les grands noms de l'exploration française : le commandant Cousteau, Haroun Tazieff, et bien sûr Paul-Emile Victor qui m'a longtemps soutenu à la tête des Expéditions polaires françaises (EPF) avant de me passer le flambeau à mon retour de la campagne de Vostok, alors qu'il a décidé de se retirer dans le motu Tané à Bora Bora. Je l'accompagnerai néanmoins pour ses 80 ans en Terre Adélie dans son dernier voyage en Antarctique.

Entre-temps, l'Europe sera née et prendra de la puissance. Au début des années 1990, elle lancera un appel aux grands défis scientifiques concernant nos sociétés pour la décennie à venir. Or parmi les projets présentés dans toutes les disciplines, un seul sera retenu : le nôtre. Baptisé EPICA, il aura pour objectif principal la réalisation d'un forage profond sur le site du Dôme C. L'adhésion des dix pays concernés ne sera pas chose facile. Est-ce parce que nous avons su bien négocier, ou parce que nous avions à notre actif une surprenante réussite, ou bien, une fois de plus, parce que la solidarité entre polaires permet plus facilement qu'ailleurs de se mettre d'accord, toujours est-il que nous obtiendrons un consensus et que le programme EPICA continue encore aujourd'hui à mener plus loin les découvertes que nous avons initiées dans les glaces de l'Antarctique.

Mais reprenons plutôt notre histoire là où nous l'avons laissée : à la Conférence internationale sur le climat qui se tint en 1985 à Villach. C'est là, devant les spécialistes mondiaux des gaz à effet de serre, de l'énergie et du climat, que, comme nous l'avons vu, pour la première fois je dévoilai nos courbes. Il nous manquait encore celle du méthane. Mais quand celle-ci fut enfin achevée, elle ne fit que confirmer ce qui apparaissait déjà de manière éclatante.

Trois lignes interminables courant dans la nuit des temps de façon parfaitement parallèle. Elles parcourent pendant 160 000 ans les chauds et froids de la planète

dans sa balade autour du Soleil. D'un côté la température, de l'autre le dioxyde de carbone et enfin le méthane. C'est tout un cycle climatique qui se dévoile à nos yeux avec des oscillations d'une demi-douzaine de degrés dans les températures entre les âges glaciaires et interglaciaires... Sur les dix derniers millénaires – depuis le début de l'Holocène, époque géologique à laquelle nous appartenons encore officiellement –, les voici qui semblent quasiment étales tant le climat est d'une grande stabilité avec de très faibles variations. Et puis de façon inopinée, sur une toute petite période de deux cents ans, qui démarre approximativement au milieu du XIXe siècle – le siècle des découvertes et des inventions, des sciences et des techniques, de Pasteur et d'Edison, de Darwin et de Mendel, de Ricardo et de Marx, ces jours heureux où l'homme occidental s'émancipe des saisons, de l'obscurantisme et des royautés –, voici que d'un seul coup les trois courbes se mettent à grimper de façon exponentielle en une ahurissante envolée. La courbe des températures subit une augmentation telle que, si elle continue sur la même trajectoire, elle devrait être supérieure d'ici la fin de ce siècle à la variation subie par notre planète lors de la sortie de la dernière glaciation, il y a 11 500 ans justement...
Ces courbes sont publiées le 1er octobre 1987 dans *Nature*. Trois articles rassemblés dans le n° 329 auquel la revue consacre sa une : "A 160 000-year record of atmospheric CO_2 and Climate" [CO_2 et climat de notre atmosphère depuis 160 000 ans]. Nous sommes tous là, dans les signataires, l'équipe de Grenoble que je dirige, l'équipe du laboratoire de géochimie isotopique du Commissariat à l'énergie atomique de Jean Jouzel, et les chercheurs des instituts de géographie et de recherches arctiques et antarctiques soviétiques de mon ami Volodia Kotlyakov. Le premier article décrypte la façon dont nous avons reconstitué pour la première fois l'évolution de la température sur une période aussi longue – 160 000 ans –, couvrant totalement le dernier cycle climatique naturel que la Terre a connu : "Vostok ice core: a continuous isotope temperature record over the last climatic cycle – 160 000 years" [Dans les carottes de Vostok, l'histoire continue de la température isotopique du dernier cycle climatique – 160 000 ans].

Le second article est consacré aux analyses des gaz emprisonnés dans les glaces : "Vostok ice core provides 160 000-year record of atmospheric CO_2" [La carotte de Vostok révèle 160 000 ans de l'histoire du CO_2 de notre atmosphère]. Enfin le troisième fait le lien entre les deux : "Vostok Ice-Core: climatic response to CO_2 and orbital forcing changes over the last climatic cycle" [La carotte de Vostok : la réponse du climat aux variations du CO_2 et du forçage orbital durant le dernier cycle climatique]. Le "forçage orbital", c'est ainsi que l'on désigne l'influence que peuvent avoir sur le climat les variations de la trajectoire de la Terre autour du Soleil. Notre article conclut : "Les données sur la température et les teneurs de l'atmosphère en CO_2 obtenues à partir de la carotte de Vostok, en Antarctique, nous amènent à proposer que les grands cycles climatiques du Quaternaire seraient initiés par des changements d'insolation liés au forçage orbital mais largement amplifiés par une variation importante d'origine naturelle du CO_2." Une révélation qui complète la théorie de Milankovitch selon laquelle les grandes variations de chaud et froid du climat sont causées par l'énergie du soleil reçue par la Terre suivant des cycles réguliers de 20 000, 40 000 et 100 000 ans. Car ici, pour la première fois, nous confortons par des données la vieille idée des physiciens d'un lien entre climat et CO_2. Même si à ce stade-là nous n'en connaissons pas encore les mécanismes. "... Les carottages de Vostok sont la première preuve tangible d'une interaction entre gaz à effet de serre, forçage orbital et climat (...) Nous restons prudents quant à l'extrapolation de cette analyse du passé sur l'impact de l'augmentation récente de CO_2 d'origine humaine sur le climat futur (...) De telles prédictions demandent une meilleure compréhension des mécanismes impliqués. Aussi appelons-nous au développement de modèles océan-atmosphère comme outil pour s'attaquer à ce difficile mais extrêmement important problème."

A cette époque, nous, climatologues, restons très mesurés sur la question du réchauffement climatique récent et la majorité des scientifiques rejette les cris d'alarme des écologistes et de ceux dont on préfère expliquer que s'ils écrivent des rapports dits "catastrophistes" c'est uniquement pour trouver des financements à leurs recherches et à leurs laboratoires. Vieux refrain. Aujourd'hui c'est au nom d'un "consensus suspect" que les sceptiques rejettent les résultats des équipes de chercheurs qui appellent à l'action face au réchauffement. Hier c'était au contraire par notre isolement suspect que les mêmes expliquaient le peu de foi qu'ils accordaient à ces travaux.

Pour nous, les grandes périodes de chaud et de froid du climat sont causées par le forçage orbital et amplifiées par les faibles variations du CO_2 engendrées par ce réchauffement. La nouveauté que nous commençons à subodorer est que, sur les trois derniers siècles, l'homme est venu perturber ces variations.

Notre prudence n'empêchera pas le numéro de *Nature* de faire sensation et de marquer un tournant dans l'acceptation du rôle de l'homme dans le réchauffement de sa planète. Livrant leur secret, ce sont en effet les carottages de l'Antarctique qui apportent l'élément déterminant que les physiciens attendaient : nous avions là une parfaite corrélation entre les températures de la planète et la concentration dans son atmosphère de gaz à effet de serre. Désormais les courbes d'analyse de l'air telles qu'elles furent initiées par Keeling pouvaient parler d'elles-mêmes et permettre de suivre l'évolution du climat. Il ne s'agissait plus ni d'hypothèse, ni d'alerte, ni de "scénario", mais de faits.

Ainsi allait-on pouvoir affiner – et vérifier – les modélisations mises au point un peu partout dans le monde dans les grands laboratoires de climatologie pour prévoir les températures à venir. Résultat : des fourchettes de 2 à 6 degrés supplémentaires en moyenne d'ici la fin du siècle, accompagnées de leurs lots de malheurs et de catastrophes. A Vostok comme au Dôme C, aujourd'hui rebaptisé Concordia, les carottages se poursuivront bien au-delà de cette première phase. Pour qui veut prédire l'évolution future des gaz à effet de serre, retracer leur évolution passée de plus en plus loin dans le temps est, comme nous l'avons constaté, un enjeu majeur. Nous avons aujourd'hui une vision des climats et de l'atmosphère terrestre qui remonte jusqu'à 800 000 ans avant notre ère. Trois ans plus tard, en 1990, nous publierons de nouveau dans *Nature* un article beaucoup plus tranché : "The ice-core record: climate sensitiviy and future greenhouse warning" [L'enregistrement des glaces : sensibilité du climat et mise en garde pour un futur lié aux gaz à effet de serre]. "La prévision du réchauffement futur lié aux gaz à effet de serre dépend de manière critique de la sensibilité du climat de la Terre à l'augmentation des concentrations atmosphériques de ces gaz, écrivions-nous dans *Nature*. Les relevés des échantillons extraits des glaces polaires montrent une remarquable corrélation entre les changements de température au passage des anciennes périodes glaciaires-interglaciaires et les concentrations atmosphériques de gaz comme le dioxyde de carbone et le méthane. Ceux-ci, ainsi que d'autres données paléoclimatiques, montrent le rôle des gaz à effet de serre dans l'explication des changements climatiques du passé et la validité des modélisations prévoyant les effets d'une augmentation des concentrations de tels gaz dans l'atmosphère." Parmi les signataires, outre nos équipes françaises et nos amis russes, l'Américain James Hansen, de la NASA. Preuve d'une part que l'idée avait fait son chemin et d'autre part que nous avions, sur cette question, travaillé tous ensemble.

Car qu'avions-nous vu dans cette immense courbe des températures qui traverse les temps immémoriaux de la Terre, et à travers ses courbes jumelles du dioxyde de carbone et du méthane ? Qu'en deux petits siècles, l'homme avait transformé la Terre comme jamais un volcan, un astéroïde, ou la course de la Terre autour du Soleil ne l'avait fait depuis des millions d'années. Et que cette courte période de temps était suffisamment singulière et radicale pour représenter une époque inédite dans l'histoire géologique de la Terre.

Page suivante : En été, sur l'inlandsis, les raids d'exploration se croisent dans le blizzard avant de partir pour l'aventure.

L'ANTHROPOCÈNE

Où l'on vérifie que l'homme est devenu la principale force géologique, capable non seulement de changer l'atmosphère, mais aussi l'hydrosphère, la lithosphère et la biosphère. Air, eau, roches et monde vivant interconnectés.

C'est en lisant les courbes comparées des températures et des gaz à effet de serre telles que nous les avions relevées en Antarctique, que le géologue et biologiste américain Eugene Stoermer et le géochimiste néerlandais Paul Crutzen publièrent pour la première fois en 2000, dans la newsletter de l'IGBP (International Geosphere-Biosphere Program), un article évoquant cette nouvelle situation comme étant une ère géologique entièrement nouvelle qu'ils proposaient d'appeler : Anthropocène. Stoermer utilisait le terme depuis plusieurs années déjà, mais c'est Paul Crutzen qui, deux ans plus tard, en janvier 2002, dans un nouvel article, "Geology of mankind", publié dans *Nature*, popularisa définitivement le terme : "Depuis trois siècles, les conséquences des activités humaines sur l'état de la planète ont fortement augmenté. En raison des émissions anthropiques de dioxyde de carbone, le climat pourrait bien avoir été dévié de son comportement naturel pour les millénaires à venir. Il semble approprié de désigner par le terme "Anthropocène" l'époque géologique actuelle, dominée en bien des façons par l'homme (...). L'Anthropocène pourrait avoir pour point de départ la dernière partie du XVIIIe siècle, date à laquelle les analyses de l'air prisonnier des glaces polaires montrent le début d'une augmentation des concentrations de dioxyde de carbone et de méthane à l'échelle du globe." Une simple page valant acte de naissance. Le génie de la brièveté.

Un autre homme aurait d'ailleurs pu revendiquer la paternité de l'Anthropocène... S'il ne l'avait mal orthographié. Andrew Revkin, journaliste scientifique et collaborateur du *New York Times*, avait prédit dans un livre publié en 1992, *Global Warming: Understanding the Forecast*, notre entrée dans une nouvelle ère à laquelle, expliquait-il, il faudrait bien trouver un nom... Et de proposer : "Anthrocène...". "Je suis trop nul en grec", confessera-t-il plus tard en rigolant ! Dommage : ce n'est pas tous les jours que l'on change d'ère ! La dernière fois, c'était il y a 10 000 ans, avec l'introduction de l'Holocène. L'idée de créer une époque "toute récente" avait été émise par le célèbre naturaliste Sir Charles Lyell en 1833 (c'est-à-dire paradoxalement grosso modo à l'époque où les glaces en marquent justement la fin et son basculement dans l'Anthropocène), et le nom proposé par le paléontologue français Paul Gervais trente ans plus tard. Il fut adopté par le Congrès géologique international de Bologne en 1885...

Car il faut un Congrès international pour créer une nouvelle ère géologique. Ce n'est pas le genre de décision qui se prend à la légère. Le prochain aura lieu à Brisbane en Australie, en août 2012. Mais déjà les membres très capés de la commission de stratigraphie de la Royal Geological Society de Londres – pas moins de vingt éminents professeurs loin d'être de rigolos écolos – ont rendu un rapport en ce sens : "Des preuves suffisantes sont apparues d'un changement significatif dans la stratigraphie, pour la reconnaissance de l'Anthropocène – pour l'instant métaphore forte mais informelle des changements climatiques –

comme une nouvelle ère géologique dont nous souhaitons qu'elle soit formalisée par une réunion internationale."
Que disent nos sérieux confrères de la commission de stratigraphie de la Royal Geological Society de Londres dans leur rapport ? Que "la réaction du climat aux gaz à effet de serre et l'ampleur du changement de la biosphère rendent vraisemblable l'idée que nous soyons entrés dans une nouvelle époque sans comparaison possible avec aucun épisode interglaciaire du Quaternaire. Les parallèles les plus proches, à forte concentration de gaz carbonique atmosphérique et de réchauffement climatique, semblent être des événements beaucoup plus anciens et mal documentés, le Toarcien [il y a 180 millions d'années] et le Maximum thermique Paléocène Eocène [il y a 56 millions d'années], mais les volumes de glace à ces époques-là étaient faibles et leur fonte ne causa semble-t-il qu'une modeste montée des eaux".
Aïe ! Mais aussi que :
"La combinaison d'extinctions, de migrations mondiales des espèces et la généralisation du remplacement de la végétation naturelle par des monocultures agricoles produit un signal bio-stratigraphique dont les effets seront durables, car l'évolution future aura lieu à partir des populations survivantes (déplacées bien souvent par l'homme). En d'autres termes, l'évolution elle-même a été orientée vers une nouvelle trajectoire."
Ouille ! Mais encore :
"Nous estimons raisonnable pour cette nouvelle unité d'être considérée comme une époque. Il est vrai que les conséquences à long terme des changements anthropiques peuvent être d'une ampleur propre à précipiter le retour de quantité de glaces, de niveaux des eaux et de températures globales tels qu'ils caractérisaient la période Tertiaire. Ceci, tout spécialement s'il était combiné avec une extinction majeure pouvant signifier la fin du Quaternaire... Néanmoins, vu les grandes incertitudes quant à l'avenir du climat et de la biodiversité et le rôle large et imprévisible des effets de rétroaction dans le système Terre, nous préférons rester conservateurs. Ainsi, alors que nous pensons qu'il existe de fortes

preuves pour dire que nous ne vivons plus aujourd'hui dans l'Holocène, il est encore trop tôt pour statuer si, oui ou non, le Quaternaire n'est plus."
La messe est dite. Nous ne vivons plus dans l'Holocène. Face à une telle analyse, à un tel constat – qui n'a rien à voir avec un quelconque dithyrambe écologiste –, le mot inquiétant sonne comme une amère litote ! Ainsi, en deux petits siècles, nous, l'espèce humaine, serions devenus non seulement de grands prédateurs (ça on le savait) et de grands dilapidateurs de ressources (ça on n'osait pas se l'avouer), mais également une force géologique au même titre que les volcans ou les tremblements de Terre ? Pire qu'eux, même : nous serions devenus *la* principale force géologique agissante capable de transformer les équilibres à la surface de la planète.

Parler d'ère pour l'Anthropocène est, au regard de cette science extrêmement rigoureuse qu'est la stratigraphie, un abus de langage. Les géologues ont en effet adopté une classification précise – bien que nourrie de nombreux débats et régulièrement amendée – pour ranger les 4,5 milliards d'années de la planète Terre. 4,5 milliards d'années de bouleversements, d'éruptions, d'extinctions d'espèces, de glaciations et de réchauffements au regard desquels les 11 500 ans de l'Holocène et *a fortiori* les 300 ans de l'Anthropocène font figure de petite rigolade. Pour cela les temps géologiques ont été rangés en "éons", divisés en "ères", divisées en "périodes" (ou "systèmes"), divisées en "époques" (ou "séries"), divisées en "étages"... L'Holocène dans lequel nous vivons officiellement aujourd'hui est ainsi une époque qui fait partie de la période quaternaire, qui fait partie de l'ère cénozoïque, qui fait partie de l'éon phanérozoïque. Mais, contrairement aux époques antérieures beaucoup plus longues, l'Holocène n'est pas sous-divisé en étages.

Le Pléistocène et l'Holocène forment le Quaternaire, c'est-à-dire la période où l'on voit petit à petit émerger sur la Terre un bipède qui va devenir humain. Avec l'apparition il y a 2,5 millions d'années d'*Homo habilis*, le Pléistocène présente une topographie de la Terre voisine de celle d'aujourd'hui, mais voit s'y succéder glaciations et réchauffements laissant moraines et stries lors des avancées et reculs des glaciers, et témoignant de l'extinction de nombreux mammifères (c'est l'âge du mammouth, du tigre des cavernes, du rhinocéros laineux...). Il y a 11 500 ans, les débuts de l'Holocène sont finalement marqués par une hausse prononcée de la température sur la Terre, suivie, il y a 8 000 ans, par une stabilisation du niveau des océans. Depuis, les oscillations de température n'ont jamais dépassé 1 °C. On considère aujourd'hui que l'Holocène est le plus grand intervalle de stabilité du climat depuis 400 000 ans et que cette stabilité fut pour beaucoup dans le développement des sociétés humaines qui vont se sédentariser, abandonner la cueillette et la chasse, transformer les forêts en prairies, brûler le bois des forêts et, avec le grand saut de la conquête du feu, inaugurer les premières émissions de gaz à effet de serre d'origine anthropique...
Tout comme l'Holocène, l'Anthropocène serait donc plutôt, à proprement parler, une nouvelle époque. Reste que, dans le langage commun, la notion d'ère qui renvoie à un imaginaire géologique est plus souvent utilisée que celle d'époque qui nous renvoie à une vision historique moderne : Renaissance, Restauration...

Géologie : science qui traite de l'histoire de la Terre et couvre les processus physiques et chimiques à la fois en action à sa surface et dans ses profondeurs. La formation des montagnes, la dérive des continents, les manifestations volcaniques, les tremblements de Terre, les raz-de-marée sont ainsi à mettre sur le compte de forces dynamiques profondes. A côté de ces processus "endogènes", la Terre est également soumise à des évolutions "exogènes" aux conséquences tout aussi importantes. Les eaux souterraines, les glaciers, le vent ou les marées sont ainsi des agents géomorphologiques – qui modifient en permanence la nature de la planète. L'érosion, les glissements de terrain, la glace en mouvement qui arrache et broie, les rivières qui transportent des alluvions, tous contribuent à changer le visage du monde.

Or longtemps nous avons regardé ces facteurs exogènes comme également exogènes à nous, les Terriens. Et puis petit à petit a pointé l'idée que le vivant avait une fonction géologique primordiale dans l'équilibre des paysages et des sols, des airs et des eaux. On peut ainsi définir le monde terrestre en sphères de propriétés distinctives. Il y a d'abord l'atmosphère qui enveloppe la Terre. Il y a ensuite le monde des eaux, qu'il s'agisse de cours d'eau, de rivières, d'eaux souterraines, de lacs ou d'océans, c'est ce qu'on appelle l'hydrosphère. Puis il y a tout ce qui concerne les roches au-dessus de la croûte terrestre, cela comprend aussi bien la terre végétale, les sédiments, que les roches profondes et les réserves enfouies d'énergies fossiles. On appelle cela la lithosphère. Tous ces domaines s'entremêlent, s'influencent les uns les autres : les eaux provoquent l'érosion des roches, l'air pollué retombe en pluies acides qui tuent les sols. La modification de l'un de ces secteurs peut en permanence transformer la structure d'un autre.

Et puis enfin – comme une clef de voûte entre ces trois domaines –, une quatrième sphère existe, qui regroupe tout ce qui a trait au vivant, le nourrit et le développe : la biosphère. Qui empêche les dunes de s'envoler avec le vent ? Les joncs qui poussent dessus. Qui absorbe le gaz carbonique pour régénérer l'air ? Les arbres qui peuplent les forêts. Qui dévie le cours des rivières, fabrique des lacs et des marais propices à la vie ? Les castors qui s'y nichent. C'est le vivant qui caractérise la face de la Terre et qui, intervenant dans tous les cycles, contribue à équilibrer ou déséquilibrer les grandes masses du système Terre. Mais qui règne aujourd'hui sur le monde vivant ? L'homme. Qui transforme les côtes, assèche des marais, détruit les forêts, entraîne par l'appauvrissement des sols

la formation de déserts, et par l'utilisation massive de voitures et la construction d'usines la fonte des glaces, l'acidification des océans et le dérèglement de l'équilibre atmosphérique ? L'homme.
Le géologue travaille sur le long terme et, n'en doutons pas, certains trouveront déplacée, iconoclaste, ethnocentrique ou prétentieuse l'idée de définir une ère nouvelle dont l'homme serait de fait et égoïstement le centre. Le géologue a pour matériau une planète dont, d'une part, l'instabilité permanente au fil des temps fait figure de donnée de base ; sur laquelle, d'autre part, la présence humaine n'est qu'un épiphénomène ; et dont, enfin, les querelles historiques quant à son découpage stratigraphique apparaissent comme une vénérable tradition. Plus encore que tout cela, il faut bien comprendre que le géologue s'inscrit dans le temps. Si vous supprimez l'échelle du temps, vous supprimez la compréhension logique des événements. Exemple : il est physiquement impossible de plisser la pierre... sauf sur des millions d'années. On argumentera donc que faire démarrer une nouvelle ère il y a deux siècles obéit sans doute à une logique historique ou sociologique, mais certes pas géologique. Et pourtant, comme nous venons de le voir, si le repère du géologue c'est la roche, celle-ci n'est que la chambre d'enregistrement des phénomènes, et certainement pas la cause. Or la Terre que nous habitons est aujourd'hui confrontée à quelque chose d'entièrement nouveau, à un danger qu'elle n'attendait pas, que nous n'attendions pas : la prolifération d'une espèce endémique et invasive dont l'influence a aujourd'hui transformé l'atmosphère, ravagé l'hydrosphère, décimé la biosphère et modifié la lithosphère : nous.

L'homme modifie l'atmosphère... 6 milliards d'individus élevant pour s'en nourrir 1,4 milliard de têtes de bétail qui produisent du méthane, dressant des usines qui emplissent l'air de multiples émanations chimiques, roulant dans des engins dont chaque litre d'essence utilisé produit 2,3 kilos de CO_2. En 2009, au cœur de la crise économique, les constructeurs automobiles français font un record avec 2,25 millions d'automobiles vendues... La liste est longue des méandres de notre implication dans le bouleversement des échanges gazeux de l'atmosphère sans que cela ne semble changer au final quoi que ce soit dans les comportements des gens. Par rapport aux niveaux constatés avant la révolution industrielle, la concentration de gaz à effet de serre a ainsi été multipliée par deux pour le méthane et par un tiers pour le dioxyde de carbone. Et le 6 juin 2008, à la veille d'un sommet du G8 au Japon, l'Agence internationale de l'énergie publiait un rapport prédisant une augmentation de 130 % de ces émissions d'ici 2050.

Nous utilisons ainsi seize fois plus d'énergie aujourd'hui qu'au début du XXe siècle. Mesurées dans trois points différents du Groenland, les teneurs en sulfates (dont les émissions d'origine humaine, 160 millions de tonnes, sont deux fois plus importantes que les émissions naturelles) témoignent avec similitude de la même évolution : le niveau naturel stable au fil des siècles est fortement perturbé dès le XIXe siècle par le développement de l'industrie, notamment métallurgique, pour atteindre un pic dans les années 1930 suivi par une décroissance sans doute liée à la crise économique. Après la Seconde Guerre mondiale, une croissance beaucoup plus rapide reprend et l'impact des activités humaines culmine avant la fin du XXe siècle avant de décroître suite aux mesures systématiques d'épuration par filtration des émissions industrielles de dioxyde de soufre.

Brouillards de pollution (on l'appelle "smog" à Los Angeles, "nefos" à Athènes, "nuage brun" à Shanghai) qui enveloppent nos villes et nos bronches ; pluies acides (quand le dioxyde de soufre est capturé par les nuages, il peut retomber sous forme de pluies assassines pour nos forêts et nos lacs) ; trou dans la couche d'ozone (dû aux chlorofluorocarbones)... L'action de l'homme sur l'atmosphère est une des premières causes du bouleversement géologique dont la Terre est aujourd'hui témoin et dont les glaces gardent la trace comme une fatalité. Depuis le plomb de nos essences jusqu'aux traces radioactives de nos essais nucléaires, les émissions anthropiques se répandent dans l'atmosphère comme un mal invisible, homogène et partagé. C'est ainsi que l'on mesure la même teneur en CO_2 dans l'atmosphère du désert blanc antarctique qu'aux portes de nos villes !

L'homme modifie l'hydrosphère. Et en premier lieu, les mers. Et en premier lieu, une fois de plus, par ses émissions surabondantes de dioxyde de carbone qui dérèglent en profondeur les écosystèmes marins (et en retour l'équilibre général du climat). Les océans sont en effet des "puits de carbone" – terme qui désigne les réservoirs naturels qui stockent le carbone –, le phytoplancton, ces plantes microscopiques qui sont le premier maillon de la chaîne alimentaire marine, absorbe près de 100 millions de tonnes de carbone par jour. Mais avec les fortes concentrations de gaz carbonique présentes dans l'atmosphère, les mers tendent à devenir plus acides et cette acidité représente un danger pour toute la biologie marine : les poissons, les moules, les huîtres ou les récifs coralliens... et surtout pour le phytoplancton et les micro-coquillages... Le pH (potentiel hydrogène), qui mesure l'acidité des mers, est passé selon les spécialistes de 8,2 avant la révolution industrielle à 8,1 aujourd'hui, et pourrait tomber à 7,8 à la fin du siècle, un niveau jamais atteint au cours du million d'années écoulé. En rompant cet équilibre instable, l'homme a enclenché à son corps défendant un cercle vicieux : la fragilisation de ces micro-organismes risque de détraquer les écosystèmes marins, la fonction "puits de carbone" des océans, et enfin la machine climatique...
Car si le niveau des océans s'est stabilisé il y a plus de 8 000 ans, la montée des eaux est désormais bien plus qu'une hypothèse d'école, même si l'amplitude de celle-ci dans un futur proche dépend d'un grand nombre de facteurs. En 2007,

les experts du GIEC prédisaient une hausse comprise entre 20 et 60 centimètres du niveau des océans d'ici la fin du siècle. Ces estimations ne tenaient pas compte de l'accélération observée de l'écoulement des glaces dans les régions côtières du Groenland et de l'Antarctique de l'Ouest. L'équipe de Stephan Rahmstorf, à l'Institut de recherche sur l'impact du réchauffement climatique de Postdam, avance après une longue étude que l'on doit s'attendre à une hausse du niveau des mers d'environ 1 mètre d'ici 2100. De quoi faire redessiner les côtes des continents, immerger un grand nombre de rivages, et submerger des villes entières.

Mais les océans sont aussi une des plus grosses poubelles de notre humanité peu regardante de son environnement. Et la question des déchets n'y est nulle part aussi voyante. L'homme a saccagé ces mers que le poète lui enjoignait de chérir. Selon la fondation californienne Algalita Marine Research Foundation, on compterait plus de 100 millions de tonnes de déchets en plastique dispersés dans les océans ; 20 % proviendraient de pertes ou rejets directs en mer (abandon d'engins de pêche et de déchets, pertes de containers, naufrages..), mais 80 % proviendraient des bassins versants continentaux. Directement de nos poubelles... Quand on sait qu'une bouteille plastique jetée par-dessus bord mettra plusieurs centaines d'années à se dégrader en mer et que, selon les régions du monde, le plastique constituerait 60 à 80 % de la masse de ces déchets, atteignant des taux de 90 à 95 % dans certaines régions du monde selon l'ONU, on se demande à quoi l'océan ressemblera demain... Des autopsies faites par le laboratoire d'Algalita sur six cents poissons des grands fonds capturés dans l'océan Pacifique ont montré que plus de 50 % de ceux-ci avaient ingéré des fragments de plastiques (retrouvés dans leur tube digestif). L'un d'entre eux, bien que ne mesurant que 6,3 centimètres, avait dans l'estomac 84 petits morceaux de plastiques différents.

En Europe et aux Etats-Unis, la prise de conscience de notre responsabilité par rapport aux mers s'est faite en allant ramasser sur les plages les pétrels et les fous de Bassan englués dans le mazout. La première marée noire eut lieu en

1967 : Le *Torrey Canyon*, suite à une série de petites erreurs de navigation, se déchira sur un rocher au large de l'Angleterre. L'Europe découvrit là que tout son "*way of life*" – son mode de vie – avait un prix. 1978 : avarie de gouvernail au large d'Ouessant pour l'*Amoco Cadiz*. Le supertanker s'échoua et se brisa sur les récifs, déversant 220 000 tonnes de brut sur 400 kilomètres de côtes bretonnes. 1989 : c'est au tour de l'*Exxon Valdez* de rompre sa coque sur des hauts fonds en Alaska. Pour le commandant : cinq doubles-vodkas dans les bars du port avant l'embarquement. Quelques heures plus tard, pour les côtes : 40 000 tonnes de brut, 7 000 m^2 de nappes noires. 1999 : l'*Erika* se fend en deux au large de Belle-Île-en-Mer : 20 000 tonnes de fuel dont des hydrocarbures aromatiques polycycliques (HAP), cancérigènes. 2002 : pris dans la tempête face aux côtes de Galice en Espagne, *Le Prestige* signale une brèche. Remorqué au large, il va répandre en mer l'ensemble de ses 70 000 tonnes de fuel. Les côtes espagnoles, mais également portugaises et françaises, seront touchées. Pour le coup, l'opinion publique réagit, les populations locales se mobilisent. Mais ce sont les mesures de sécurité et l'incurie des armateurs et des pouvoirs publics qui sont montrées du doigt, pas le transport de cette manne énergétique par vents et marées pour alimenter la pompe énergétique de nos sociétés "civilisées". La catastrophe inimaginable de la plate-forme pétrolière dans le golfe du Mexique, détruite par une explosion et déversant sur les bayous de Louisiane ses millions de tonnes de brut, aura de quoi faire frémir la Terre entière, et pourtant rien ne bouge. De façon moins spectaculaire, car cachée, mais tout aussi violente, les flottes continuent de polluer allègrement l'hydrosphère en "dégazant", c'est-à-dire en nettoyant leurs cuves au large. Une étude du WWF en 2000, portant sur la seule mer Méditerranée, estime les rejets d'hydrocarbures ainsi effectués à 1,5 million de tonnes par an, soit l'équivalent de 75 *Erika*.

Mais l'homme a d'autres raisons de s'inquiéter : selon le Worldwatch Institute, la moitié de l'eau douce disponible sur la planète est aujourd'hui utilisée par les humains ! Et l'on en consomme sept fois plus qu'au début du siècle dernier. Nous l'avons dépensée sans compter, persuadés que ses sources étaient intarissables.

Inconscient de la fragilité de son patrimoine, l'homme a manqué à tous ses devoirs vis-à-vis de la Terre qui le nourrissait et l'abreuvait. Il l'a utilisée de façon intensive pour faire fonctionner ses turbines industrielles (20 % de l'eau utilisée) et irriguer ses terres (70 % de l'eau utilisée). Et même des régions peu soumises à la pénurie sont aujourd'hui face à des situations inquiétantes. En Europe, les nappes phréatiques s'assèchent à force d'être saignées par l'agriculture intensive des grandes exploitations céréalières. Il y a peu, les agriculteurs de la Beauce, en France, avouant à mi-mots les dégâts, ont bien voulu définir des quotas d'utilisation... Un peu tard : on ne remplit pas les nappes souterraines avec un été pluvieux.

Et ce qui lui reste d'eau, l'homme l'a allègrement noyé de produits chimiques pour améliorer ses rendements. Les eaux des rivières, des fleuves et des lacs eux-mêmes ont commencé à mourir. Le mécanisme est connu : le surplus des phosphates et nitrates répandus dans les champs s'est retrouvé dans les eaux avoisinantes, y favorisant la prolifération de micro-algues. Celles-ci ont consommé rapidement la plus grande part de l'oxygène contenue dans l'eau et entraîné l'asphyxie des lacs et des rivières. C'est ce qu'on appelle l'eutrophisation. Et de voir les célèbres canaux de Hollande devenir verts, le marais poitevin n'être plus qu'un tissu de mousses, et des estuaires se couvrir de plantes qui, en formant une nappe opaque empêchant les rayons du soleil de pénétrer, sonnent le glas des petits insectes et des crustacés qui constituent la base de la chaîne alimentaire de ces écosystèmes. Petit à petit, la vie disparaît. En France, où l'agriculture est omniprésente, environ la moitié des réserves d'eau de surface et d'eau souterraine sont polluées par les nitrates.

La question de l'eau, oubliée par notre société triomphante, revient ainsi avec cruauté sur le devant de l'actualité. Selon l'OMS, au cours de la dernière décennie du XXe siècle, près de deux milliards de personnes ont été victimes de catastrophes naturelles, dont 86 % de sécheresses et d'inondations. L'eau dresse les campagnes contre les villes, les régions contre les régions, les voisins contre les voisins. Voici Barcelone qui envoie à Marseille des navires pour acheter de l'eau potable. L'Espagne se livre une guerre intérieure pour les eaux de l'Ebre que les grandes métropoles du Sud voudraient détourner pour alimenter l'expansion immobilière quand les cultivateurs de riz de l'estuaire cherchent à résister à la désertification. Si on en croit les rapports du National Intelligence Council chargé de s'exercer au difficile art de la prévision pour le compte du gouvernement américain, à l'horizon 2025 les ressources naturelles seront au centre de nombreux conflits – y compris armés – dans le monde. Pétrole, matières premières... et eau. Et de citer comme lieux majeurs de possibles conflits : la région de l'Himalaya – dont les eaux alimentent aussi bien les plaines chinoises que le Pakistan ou l'Inde –, la vallée du Jourdain et celle de Fergana dans les ex-républiques soviétiques d'Asie centrale.

En modifiant l'hydrosphère, l'homme a également modifié la lithosphère. Nous n'avons pas hésité à assécher nos marais pour gagner du terrain, à construire des barrages pour fabriquer de l'électricité, à détourner des rivières ou inonder des vallées sans tenir compte de toute autre considération que notre intérêt immédiat. L'homme redessine la géographie. Criminel ? Non, innocent. Nous ne savions rien de l'importance des zones marécageuses dans la survie de centaines d'espèces vivantes, animaux ou végétaux, et nous ne savions rien de l'importance de leur survie pour notre avenir... En Russie, l'immense mer d'Aral n'est plus qu'un tas de sel et de boue séchée, vidée par la folie humaine : les Soviétiques ont voulu rendre leurs grandes plaines fertiles et ont détourné les deux fleuves qui l'alimentaient, l'Amou-Daria et le Syr-Daria, pour irriguer les champs de coton et les rizières. Staline l'a rêvé. Staline l'a fait avec son fameux Plan pour la transformation de la nature. Staline, président d'honneur de l'amicale surréaliste de l'*Homo anthropocenus* en chef, celui à qui rien ne résiste, et

surtout pas la nature… La mer d'Aral a perdu les trois-quarts de son volume depuis les années 1960.
Difficile d'imaginer, à le regarder – 1 mètre 75, 68 kilos –, que l'être humain puisse transformer géologiquement cette lithosphère (littéralement, la "sphère de pierre"), deux enveloppes rigides d'une centaine de kilomètres d'épaisseur en moyenne (sensiblement moins sous les océans, souvent beaucoup plus sous les continents) qui entourent le manteau de la Terre. Et pourtant, le résultat est là : des muscles, non ; des marteaux-piqueurs, oui ; et comme le chantaient les jeunes républicains communistes dans les années 1950 : "… Ah si la terre et nos bras sont solides, nos maisons seront hau-hau-hautes, tous unis dans un même effort, nous aurons vaincu la mort…" Le génie humain a construit de grands barrages qui mettent la roche sous pression ; des mines qui font s'effondrer les sols. Dans le Grand Nord canadien, les anciennes routes creusées autrefois dans le pergélisol pour mettre en place les oléoducs sont devenues des canaux où s'écoule l'eau des glaces fondues… et les bateaux fantômes de la mer d'Aral qui reposent désormais au milieu d'une mer de sable ne chantent pas une autre chanson : les hommes sont aujourd'hui la cause majeure et essentielle d'une dramatique hausse de l'érosion et de la désertification des continents.
Mais pas seulement. L'homme est aussi l'espèce qui a détruit les forêts, autres bienfaisants "puits de carbone" de la planète, en Europe hier comme sous les tropiques aujourd'hui, et qui a pratiqué une agriculture intensive aveugle. Et de voir aujourd'hui, mais un peu tard, l'agronome expliquer que les pesticides ont eu raison de la vie et que, sans la vie, les sillons de bonne terre ne valent plus grand-chose. Quelle est donc la sagesse de cet homme qui est en train de faire de sa planète un désert ; de ses sous-sols, une terre morte ; et de ses campagnes, à coup de pesticides, un charnier ?
Il faut écouter Philippe Fourmet, paysan à Récicourt dans la Meuse, 380 hectares de blé, d'avoine et de seigle, "né avec de la terre collée aux bottes", maire sans étiquette de son village qui n'en pouvait plus de voir sa terre mourir sous

les coups de boutoir de la chimie. Il a choisi d'arrêter leur usage, quitte à baisser ses rendements en transformant sa pratique agricole. Il raconte très bien lorsque la nuit tombe, après avoir soigneusement remis une bûche sur le feu, la longue et triste histoire des "cinq âges du paysan". "Jusqu'en 1850, le paysan c'était «l'homme du pays» – pas celui qui fait le paysage, non, celui qui en naît. Et puis vint le baron Justus von Liebig, un chimiste allemand qui, au milieu du XIXe siècle, mit en lumière l'importance de l'azote dans la croissance des plantes et inventa le premier engrais. Le paysan devint «agronome». Il apprit à modifier la terre, à la transformer, à l'enrichir. Un siècle plus tard, vers 1950, le paysan devint un «exploitant agricole». La question du capital allait être désormais centrale dans ses préoccupations, au point d'en devenir un «exploité agricole», quatrième âge de son évolution. Le paysan est ainsi pris aujourd'hui dans un système qui le dépasse, ficelé par la main invisible des marchés. Et puis un jour, enfin, viendra l'âge du «pestiféré». Ça, c'est le jour où la société se retourne vers lui et lui dit : c'est toi qui as commis la faute ! Et croyez-moi, là, je nous vois aller tout droit vers des pendaisons massives. Vous trouvez que nous avons une très mauvaise image ? Demain ce sera pire."

La Terre contient au bas mot dix millions d'espèces vivantes. Nous en méconnaissons la plupart. Néanmoins, d'ici 2050, la moitié d'entre elles pourraient bien avoir disparu si l'on en croit les naturalistes qui affirment dans le désert que, tant que nous considérerons la planète comme la propriété exclusive de la race humaine, nous continuerons, en saccageant la nature et en exterminant les autres espèces, de scier la branche de plus en plus fragile sur laquelle nous sommes assis. L'homme modifie la biosphère.

"En ce siècle où l'homme s'acharne à détruire d'innombrables formes vivantes, après tant de sociétés dont la richesse et la diversité constituaient, de temps immémorial le plus clair de son patrimoine, jamais sans doute, il n'a été plus nécessaire de dire, comme font les mythes, qu'un humanisme bien ordonné ne commence pas par soi-même, mais place le monde avant la vie, la vie avant l'homme, le respect des autres avant l'amour-propre ; et que même un séjour d'un ou deux millions d'années sur cette Terre, puisque de toute façon il connaîtra un terme, ne saurait servir d'excuse à une espèce quelconque, fut-ce la nôtre, pour se l'approprier comme une chose et s'y conduire sans pudeur ni discrétion", écrivait déjà en 1968 l'anthropologue et philosophe Claude Lévi-Strauss dans la conclusion du troisième volume de *Mythologiques*.
Il y a plus de 3 milliards d'années que la vie est présente sur Terre. Le répéter ici ne relève pas de considérations morales ou philosophiques, mais souligne une donnée scientifique primordiale : dans la fabrication de notre planète, dans les échanges biogéochimiques qui la caractérisent, le monde du vivant – la biosphère – joue un rôle majeur. Or, qu'il s'agisse d'espèces animales ou végétales, la rapidité des changements en cours fait que l'on parle désormais d'une extinction majeure bien plus importante que la disparition de la mégafaune et des mammouths du début de l'Holocène. Non, quelque chose qui, en termes de bouleversement, ressemblerait plutôt à la grande extinction des dinosaures, à la fin du Crétacé il y a 65 millions d'années. Les naturalistes utilisent même désormais, pour évoquer cette réduction accélérée de la biodiversité provoquée par les humains, le terme de "sixième crise", mettant sur le même plan ce que nous vivons aujourd'hui avec les grands bouleversements que les géologues observent au macroscope : la grande glaciation de l'Ordovicien, il y a 443 millions d'années ; la rupture Frasnien-Famennien du Devonien, 100 millions d'années plus tard, où le manque d'oxygène dans les eaux marines contribua à la disparition de la plupart des espèces ; la crise volcanique du Permo-Trias à l'époque de la Pangée (cette phase de la Terre où tous les continents n'en formaient encore qu'un seul) qui fit baisser le niveau marin de 200 mètres et disparaître 96 % des espèces ; la catastrophe du Trias-Jurassique ou enfin celle du Crétacé.

Mais au fond cette sixième crise aurait une cause infiniment remarquable et différente de toutes les précédentes : elle ne serait pas le résultat d'une catastrophe naturelle, mais la terrifiante et incroyable conclusion du succès d'une espèce devenue un danger – directement ou indirectement – pour toutes les autres.
12 % des espèces d'oiseaux, 23 % de mammifères, et 32 % d'amphibiens sont actuellement menacés d'extinction. 77 % des espèces de poissons subissent l'impact de la surpêche à différents degrés. Selon la FAO, l'organisation des Nations unies responsable de l'agriculture et de l'alimentation, environ 52 % des variétés de poissons seraient exploitées à leur maximum, 17 % surexploitées et 8 % déjà épuisées… Et que dire des milliers de végétaux… Certes, le monde du vivant est un déséquilibre permanent où la compétition est une loi essentielle. Certes, l'extinction d'espèces vivantes (comme l'apparition de nouvelles) fait partie du cours naturel de l'histoire de la planète. Il reste qu'au cours du siècle passé, les humains ont multiplié le rythme de celles-ci. Et qu'est-ce qui pourrait définir mieux le changement d'ère que cette combinaison d'extinctions, de migrations d'espèces à l'échelle de la planète, et de transformation de la végétation !
C'est dommage. C'est inquiétant. C'est terrible. Mais en quoi, nous direz-vous, le vivant est-il une donnée géologique ? Tout est interrelié : la température des océans influe sur les vents, et leurs vagues rognent les rivages des continents dans leur va-et-vient incorruptible. Il en est de même de la biosphère… Depuis 1972 et une célèbre conférence du météorologue Edward Lorenz devant l'American Association for the Advancement of Science intitulée : "Prédictibilité : le battement d'ailes d'un papillon au Brésil peut-il provoquer une tornade au Texas ?", la formule est restée célèbre. Est-ce à dire qu'un papillon a autant de poids que 6 milliards d'être humains ? Certes non, mais désormais nous savons que toutes les variables doivent être regardées à la loupe quant à l'avenir de notre planète. L'homme, cette petite chose, est aujourd'hui en mesure de déplacer des montagnes (ce n'est pas forcément, on l'aura compris, une très bonne nouvelle) et le monde vivant est encore une fois un facteur essentiel de l'avenir de cette planète. Ainsi des insectes. Leur perte signifie la disparition d'agents pollinisateurs, ce qui

implique moins de récoltes, moins de nourriture... Quand hier on riait de l'émoi des amateurs d'abeilles de voir leurs ruches désertées, aujourd'hui on s'inquiète de voir ces agressives butineuses assaillies par des maux mystérieux.

Et quand un chercheur, Marcel Bouché, se voit confier l'étude des lombrics à l'INRA au début des années 1960, ses chefs sont loin d'imaginer que le jeune homme parti seul au volant d'une petite estafette Renault, armé d'une bêche à dents, va ramener de son tour de France la preuve que le ver de terre est un rouage essentiel de l'entretien, de la nourriture, de l'aération et de l'hydrologie de nos sols – de la lithosphère. Le vivant joue donc un rôle primordial dans le fonctionnement du système Terre. Il n'en est pas une couche à part, mais un élément même du mécanisme.

Or, paradoxalement, alors que les naturalistes sont aux premières loges quant au dérèglement du monde, lorsque la société mondiale se penchera pour la première fois au chevet de la planète au Sommet de Rio en juin 1992, la biodiversité – terme qui a remplacé au début des années 1980 le mot "nature" dans la rhétorique écologiste – sera encore traitée comme la dernière roue de la charrette, un microproblème au milieu de la maxicrise. C'est que les services rendus par les écosystèmes, la façon dont ils se régénèrent et se transforment conjointement, y compris au niveau des micro-organismes, est une idée compliquée à cerner.

Toute espèce évolue en fonction de son adaptabilité au milieu où elle existe. Conjointement – et ce n'est pas réservé aux humains –, elle modifie ce milieu, façonne des territoires, des systèmes écologiques. Vivant et non-vivant évoluent ainsi de concert, de la même manière que plusieurs espèces vont pouvoir co-évoluer entre elles. Les naturalistes parlent pour décrire ce phénomène du paradigme de "cochangement". La Terre et la vie qu'elle porte parcourent ainsi ensemble une histoire où, au fil du temps, il est de moins en moins possible de dire ce qui est du ressort de l'une et ce qui est du ressort de l'autre. Le vivant participe à la construction même de la géologie du globe.

Tel est le cas du cycle du carbone : brûlons du charbon, du pétrole ou du gaz naturel : il va se répandre dans l'atmosphère, une bonne partie va se dissoudre dans l'hydrosphère. Les êtres vivants vont alors l'absorber et l'utiliser comme matière première pour réaliser différentes synthèses organiques qui leur fourniront l'énergie nécessaire à leur activité, puis ils le rejetteront lorsque les matières organiques seront dégradées par fermentation ou par respiration. Le carbone effectue ainsi sous forme de CO_2 des "allers-retours" entre le carbone organique de la biosphère d'une part, le carbone minéral de l'atmosphère et de l'hydrosphère d'autre part. Mais *in fine*, que sont le charbon, le pétrole ou le gaz naturel ? Des organismes vivants qui, sur des millions d'années, se sont fossilisés, formant des stocks de carbone dans la lithosphère... Tout se tient...

Tout se tient, sauf que l'homme a surexploité les énergies fossiles de la lithosphère ; épuisé le poumon forestier, taillé dans le vif de la biosphère ; ce faisant il a créé une surcharge en gaz à effet de serre dans l'atmosphère qui modifie le climat et menace comme on l'a vu la fonction "puits de carbone" de l'hydrosphère... Tout se tient. L'homme est devenu le grand transformateur en chef.

Page suivante : Eté 1959, pendant quatre mois nous explorerons
la Terre de Victoria, découvrant montagnes et archives des glaces.

L'ACCÉLÉRATION

Où l'on établit que ce n'est pas tant par le règne des humains que par leur volonté de puissance que se définit l'Anthropocène. Mais qu'avant d'en prendre conscience, il fallut admettre que nous partagions un bien commun, notre planète.

Travailler sur l'échelle des temps, c'est (ré-)écrire l'histoire. Deux défis se posent à ceux qui s'y frottent : déterminer d'une part en quoi une époque est différente d'une autre, en quoi elle existe ; fixer d'autre part un début et une fin à ces périodes dans les siècles des siècles. Pour cela, les stratigraphes vont choisir soit d'adopter arbitrairement une date, un chiffre précis – longtemps l'Holocène fut fixé à 10 000 ans avant d'être aujourd'hui déplacé de 1 500 en arrière –, ou bien ils choisiront, ce qui est préférable, un marqueur visible à l'œil nu dans les roches et les sédiments, comme l'extinction des dinosaures dont on a retrouvé les squelettes fossilisés ou un réchauffement traçable dans les sols par la découverte de graines de quelque espèce végétale… Il eût ainsi été naturel de choisir,

pour marquer le début de l'Anthropocène, les marqueurs de CO_2 tels qu'ils étaient visibles dans les glaces. Mais la courbe pour marquer un décrochage dans la deuxième partie du XXe siècle est néanmoins progressive et sa hausse est déjà sensible un demi-siècle plus tôt : quelle année choisir ? Quel est le palier ? Ainsi Paul Crutzen proposa-t-il de prendre comme date de départ : 1784. Cette année-là, au Royaume-Uni, James Watt avait inventé la machine à vapeur moderne, et signé ainsi le point de départ de l'utilisation à grande échelle des énergies fossiles et l'éclosion des émissions de gaz à effet de serre.
En 2003 pourtant, à l'université de Virginie, le paléoclimatologue américain William Ruddiman, se plongeant à son tour dans la contemplation des courbes comparées de gaz à effet de serre et de température, décida qu'il y avait là matière à discussion, non sur la réalité de l'Anthropocène mais sur ses origines. Il pointait du doigt, 6 000 ans avant notre ère, une hausse de gaz carbonique. Puis, quelque 3 000 ans plus tard, un pic du méthane. Qu'en déduisait-il ? Que depuis que l'homme était homme, il influençait le climat. Ou tout du moins depuis qu'il s'était sédentarisé et avait commencé à cultiver la terre. Le premier chiffre, disait-il, correspondrait à la "révolution néolithique" – l'homme cesse de vivre de la chasse et de la cueillette et se met à faire des coupes claires dans la forêt ; le deuxième pic répondait à l'expansion massive de la culture du riz – grand producteur de méthane – en Asie. Il en conclut que l'Anthropocène a commencé dès que s'organisèrent les sociétés humaines. Quand l'élevage avait succédé à la chasse et qu'il avait fallu, pour nourrir les animaux, ensemencer des prairies artificielles, l'homme s'était mis à chauffer et à cuire les aliments, à brûler le bois des forêts... Ce qui reviendrait en réalité à ce que l'ensemble de l'ère Holocène soit une ère Anthropocène, dont les derniers deux cents ans ne seraient que l'exaspération?
Or si l'homme a toujours eu une incidence sur la planète – comme tout être a une influence sur son biotope –, l'Anthropocène est lié à une "anomalie" : l'augmentation exponentielle de l'activité humaine induisant un déséquilibre général qui se traduit par un signal stratigraphique fondamentalement différent. Certes,

au cours de ces dix mille années la température va changer (mini-âge glaciaire du Moyen-Age, etc.), mais dans des variations inférieures à 1 °C. Ce n'est pas le cas aujourd'hui où les valeurs observées, mais surtout les prévisions à venir, font apparaître une différence d'une tout autre amplitude.

Faire débuter l'Anthropocène aux origines de l'agriculture, c'est en perdre l'impact. L'Anthropocène n'est pas "l'ère des humains", c'est une ère de crise. A partir de la révolution industrielle, nous allons nous mettre à modifier la Terre non pas comme elle ne l'a jamais été, mais d'une manière mille fois plus rapide qu'elle ne l'a jamais connue.

Le monde décolle, l'industrie décolle, l'économie décolle, les avions décollent. C'est l'ère des grandes vitesses et des grandes dépenses d'énergie. L'énergie, au culte de laquelle toute notre société est entièrement dédiée... L'Anthropocène, c'est d'abord cela, l'histoire d'une formidable accélération, l'écriture d'un nouveau mythe inquiétant. C'est Prométhée franchissant le mur du son. On a inventé la machine à démultiplier. On a dépassé un cap où le développement est exponentiel, où l'homme est devenu une espèce proliférante, envahissante, tueuse.

Pourquoi alors s'intéresser ici aux théories de Ruddiman ? C'est qu'elles ont le mérite de poser la question de l'Anthropocène différemment : sur le plan psychologique et sociologique plutôt que géologique ou climatologique. L'homme en tant qu'espèce intrinsèquement planètophage.

Car, bien évidemment, il n'y a pas un avant et un après James Watt ! Les comportements humains ne se sont pas transformés en un jour, quand le célèbre savant inventa la machine à vapeur. Paul Crutzen a choisi ce jour comme début de l'Anthropocène pour sa force symbolique autant que pour son virage culturel, mais l'histoire est une succession de points de ruptures (catastrophes, découvertes, révolutions) et d'héritages (Thomas Newcomen n'avait-il pas inventé en 1712, un demi-siècle avant James Watt, des machines à vapeur pour pomper l'eau des mines de charbon ?). Et si les historiens s'accordent à dire que c'est l'abondance d'une main-d'œuvre bon marché disponible et l'accumulation d'un

capital à investir qui, tout autant que les technologies, permirent l'avènement de la rupture fondamentale entre l'homme et son milieu que sera la révolution industrielle, il serait difficile de nier que sa pulsion créatrice et sa volonté dominatrice soient nées le jour où il a maîtrisé le feu industriel. Elles sont ancrées dans la transmission archaïque, dans notre passé souterrain. L'homme et ses désirs de puissance, l'homme et ses désirs de vitesse, l'homme et ses désirs. On voit d'ailleurs aujourd'hui les paléontologues discuter ardemment pour savoir si le mammouth a disparu parce qu'il n'était plus en phase avec son environnement ou s'il a été exterminé par la main chasseresse des hommes. Ainsi, si cette nouvelle ère ne naît réellement qu'au XIXe siècle, en Occident, quand les hommes basculent à la fois dans un autre modèle de société, un autre rapport à la nature et une accélération sans précédent de l'histoire, ses racines, elles, plongent ainsi dans les couches enfouies de la nuit des temps.
Mais avant d'en prendre conscience, le monde humain aura vécu deux siècles de prospérité, conquis les pôles et les airs, la génétique et le fond des océans, colonisé la Terre et grimpé sur la Lune, et se sera livré des guerres dont on ne pensait pas qu'elles puissent être si meurtrières.

Le monde s'est découvert un destin commun le 6 août 1945, lorsque trois B 29 de l'armée américaine, débouchant de la brume, survolèrent le ciel transparent et lumineux de Hiroshima. L'un d'entre eux – rebaptisé par le pilote du doux nom de sa mère, Enola Gay – largua sur la ville une bombe qui scintillait en descendant vers la Terre. Lorsqu'elle explosa, l'énorme bulle de gaz incandescent de 400 mètres de diamètre fit s'élever la température à plus de 4 000 °C. Ceux qui ne furent pas brûlés furent soufflés par le vent, ensevelis sous la poussière et les gravats, et ceux qui y échappèrent furent quelques minutes plus tard rattrapés par la pluie noire et drue qui se mit à tomber. Gagnant en altitude, rejoignant les zones plus froides de la stratosphère, le nuage atomique s'était chargé d'humidité et du ciel tombait désormais un rideau mouillé de cendres et de particules radioactives…

L'explosion de Hiroshima, suivie quelques jours plus tard par celle sur Nagasaki, fut terriblement symbolique. Mettant un terme au deuxième des grands conflits qui, au XXe siècle, ensanglantèrent la Terre, elle semblait le bouquet final d'une folie meurtrière telle que l'humanité n'en avait encore jamais connue. Désormais, disaient ces guerres, inutile d'envisager vivre ou mourir dans son coin. Nous étions tous interconnectés par les armes. Par ailleurs, l'explosion imposait une autre image de la barbarie, le pendant "propre" de l'extermination nazie, posant aux politiques, aux militaires, aux physiciens et à l'homme de la rue la même question éthique. Quelle société avions-nous construit qui autorisait un tel acte ? Quelle société était capable dans ses laboratoires de produire des machines de mort aptes non à tuer des hommes, mais à les exterminer ? Dans quel monde allions-nous désormais vivre, maintenant que nous savions le cultiver et le maîtriser, mais également le détruire ? Hiroshima mettait au jour ce fait impensable hier que l'homme était plus puissant que la nature, plus puissant que l'atome. La Terre n'avait qu'à bien se tenir.

Plus tard, dans les années 1980, s'inspirant des tempêtes de poussière observées sur la planète Mars et poussant les modélisations jusqu'au bout, les géophysiciens élaboreraient plusieurs théories d'un "hiver nucléaire" menaçant la planète. L'apocalypse annoncée n'y serait plus le fait d'une grosse météorite s'abattant sur Terre ou la volonté d'un dieu méchant punissant l'homme de ses errances. Non, pour la première fois, l'homme lui-même serait assis sur le banc des accusés.

L'idée est simple : une explosion d'une mégatonne suffirait à projeter dans la stratosphère des dizaines de milliers de tonnes de poussières de roches. Multipliez par quelques centaines les ogives ainsi envoyées à travers le monde en cas de guerre, et outre le nombre faramineux des victimes, vous avez au-dessus de votre tête une couche opaque en formation qui mettrait des mois, voire des années, à redescendre au sol, diminuant ainsi le rayonnement solaire sur la surface de la Terre et provoquant un refroidissement de quelques degrés. La combinaison de l'obscurité et du froid, expliquaient ses théoriciens, aurait une grande incidence sur la flore, et par ricochet sur la faune, et par ricochet sur nous. Récoltes foutues, réserves détruites : la famine qui suivrait une telle guerre serait plus meurtrière que le conflit lui-même... La théorie de l'hiver nucléaire sera et reste largement controversée, mais la peur d'une telle extrémité et les considérations des scientifiques sur la question, qui se turent au fur et à mesure que s'éloignait le spectre de la guerre froide, ont tendance à revenir au-devant de la scène devant la prolifération des pays possédant des ogives nucléaires.

Pour ceux qui travaillaient sous les cieux antarctiques, le premier choc est venu lorsque nous comprîmes ce que les relevés dans les neiges du pôle Sud traduisaient : les poussières radioactives provenant des tests nucléaires réalisés dans les hautes latitudes de l'hémisphère Nord étaient arrivées jusque-là. Tout comme dans le cas des fortes éruptions volcaniques, l'énergie libérée lors des explosions nucléaires est suffisante pour que les éléments radioactifs atteignent la stratosphère et, de là, retombent sur l'ensemble du globe. Aux deux pôles, la radioactivité des couches de neige raconte fidèlement le calendrier et la puissance des explosions nucléaires dans l'atmosphère. Le profil obtenu en Antarctique à la fin des années 1970 est typique des variations observées sur l'ensemble du continent et pour nous la révélation que pour certains polluants nous n'avons qu'une atmosphère à l'échelle de la planète.

On observe ainsi au printemps 1955 un pic qui traduit les retombées des premiers tests thermonucléaires de mars 1954. La radioactivité croît d'un facteur 20 et reste importante jusque vers l'année 1965, quand se déposent les retombées de la série d'explosions importantes réalisées dans l'hémisphère Nord entre septembre 1961 et décembre 1962, soit près de trois ans auparavant. On atteint alors dans certaines couches jusqu'à quarante fois le niveau présent dans la nature. La suspension des tests nucléaires dans l'atmosphère, dans les années 1963 à

1966, se traduit par une décroissance de la radioactivité liée à l'appauvrissement du réservoir stratosphérique. Une série de pics secondaires est observée dans la neige déposée entre 1969 et 1976 ; ils correspondent à une reprise très partielle des tests atmosphériques alors que la radioactivité revient vers des valeurs proches du niveau naturel. Une analyse plus fine de la radioactivité conduit à des résultats surprenants et caractérisant bien la sensibilité des archives glaciaires. Il a été ainsi possible de détecter un pic de plutonium 238 dans les neiges polaires : ce plutonium provenait de l'explosion de 1 kilo de carburant nucléaire utilisé par un satellite de navigation qui s'était écrasé vers l'océan Indien !
Le feu nucléaire a ainsi tout à la fois cristallisé l'idée que notre avenir ne pouvait plus se conjuguer autrement qu'à l'échelle du monde, que la planète était notre bien commun et, d'autre part, que nous étions devenus une force capable de transformer ce monde, air, sols et eaux compris. La première prise de conscience globale d'une possible autodestruction de l'humanité naquit là. Il ne s'agissait plus de protéger la flore ou la faune pour sa beauté ou sa spiritualité, mais d'éteindre le feu. Fini le jardin d'Eden et la croyance en l'équilibre naturel d'un monde dans lequel l'homme n'avait qu'à se baisser pour ramasser ce qu'il lui plaisait. La bombe nous avait fait comprendre une chose : nous pouvions tout casser.

Il fallut toutefois une deuxième alerte, sur un tout autre niveau, pour qu'au-delà de quelques pionniers, la réflexion se mette en route sérieusement sur la problématique d'une "fin" possible à ce jardin d'Eden. Le monde dans lequel nous roulions était peut-être sans chauffeur, démuni de rétroviseurs, un peu léger sur ses amortisseurs, avec un pot d'échappement totalement encrassé... ce n'est que lorsque la jauge de carburant se mit à baisser que les passagers commencèrent à s'inquiéter.

En 1956, le très sérieux Marion King Hubbert, avec ses lunettes carrées, avait présenté devant l'American Petroleum Institute de Houston, au Texas, de furieuses prédictions. Ce spécialiste issu de l'establishment industriel américain y prévoyait un pic pétrolier au-delà duquel la production déclinerait inéluctablement. Il y expliquait que l'extraction de pétrole aux Etats-Unis – à l'époque la première au monde – allait atteindre son plus haut niveau autour des années 1970 et qu'ensuite, les puits s'épuisant, elle diminuerait. Rires dans l'assistance. Le pétrole, une ressource limitée ? Pas demain la veille ! Vous n'y pensez pas !
En 1974, en pleine crise de l'énergie avec l'explosion du premier "choc pétrolier" pour les Etats-Unis, les observateurs purent remarquer que les calamiteuses prédictions de Marion King Hubbert s'étaient révélées exactes : la production pétrolière dans les Etats américains marquait le pas. Les courbes montraient le déclin annoncé. Maudite Cassandre ? Deux ans plus tôt, une équipe de quatre chercheurs du prestigieux Massachusetts Institute of Technology (MIT), menée par Dennis et Donnella Meadows, a rendu public un rapport sur *Les Limites à la croissance* commandé par le Club de Rome, une organisation de prospective planétaire fondée par un industriel italien, Aurelio Peccei. L'équipe Meadows est en fait celle de l'ingénieur Jay Forrester, qui travaille depuis des années sur la modélisation numérique de la dynamique des systèmes complexes. Il a mis au point un modèle du monde *(world model)* basé sur cinq paramètres : la population, les réserves des ressources non renouvelables, la production industrielle, la production alimentaire et la dégradation de l'environnement. Le 12 mars 1972, jour de sa présentation à Washington, le rapport Meadows fait l'effet d'une bombe : il prône en effet, à la surprise générale, la recherche d'un état économique stable et durable plutôt qu'un modèle de croissance permanent qui, dans un contexte de ressources limitées, ne ferait qu'engendrer des cycles de crise expansion-récession, et ne saurait assurer indéfiniment la prospérité de tous.
L'ordinateur du MIT a simulé une évolution, de 1900 à 2100, qui mène à un résultat catastrophique : une population qui s'accroît de façon exponentielle, des ressources qui ne sont pas sans limites, et une productivité dont l'augmentation

ne fait que cacher ou retarder la crise à venir : le monde va dans le mur. A un moment ou un autre, l'homme va devoir rectifier le tir. Au moment où le rapport *Limits to Growth* paraît en librairie, nous ne sommes encore que 3,6 milliards sur Terre, l'agriculture intensive produit chaque année plus de rendements, et l'on est loin d'avoir exploité les ressources pétrolières de la Terre entière... Pourtant, leurs auteurs, suivant leurs calculs mathématiques, concluent à une crise en 2027-2028... Dans moins de vingt ans d'ici donc.
Titré en français *Halte à la croissance ?*, le rapport sera traduit en trente langues, et vendu à 10 millions d'exemplaires. Dans le camp soviétique, on se marre de voir resurgir du monde capitaliste, et d'un de ses hauts lieux, le MIT, le spectre de Malthus, cet économiste dont Marx moquait les théories réactionnaires : comment, en pleine révolution industrielle, pouvait-on vouloir mettre des limites au progrès ? Texte fondateur d'un néomalthusianisme, le rapport Meadows fut de même et immédiatement cloué au pilori par la communauté des économistes et des apôtres de la croissance. "Catastrophistes !" L'anathème était lancé. Presque une insulte. Mais il était trop tard, le germe était planté, la question écologique, le grand débat sur l'avenir de l'homme et ses choix de société était lancé. Et surtout, bien entendu, la question d'une limite à son expansion. Si l'on en croit le travail mené l'an passé par Graham Turner, un chercheur de l'Organisation fédérale pour la recherche scientifique et industrielle (CSIRO), en Australie, qui a consciencieusement comparé la réalité des trente dernières années avec les prévisions du rapport Meadows, les changements observés dans l'évolution de la production industrielle et alimentaire et la pollution sont exactement tels que les modèles du MIT l'avaient prévu...

Les années 1970 ont donc marqué un tournant dans notre compréhension du monde. C'est à partir du traumatisme du premier choc pétrolier que les mécanismes de prise de conscience vont se mettre en route. Petit à petit le monde des idées va découvrir ou redécouvrir philosophes et scientifiques qui, jusqu'ici, avaient prêché plus ou moins dans le désert. Et cela sur trois fronts majeurs qui vont contribuer à l'émergence d'une pensée environnementale : le néomalthusianisme, la défense de la nature, et le rôle de plus en plus important dans les mécanismes naturels d'une espèce proliférante : l'homme.

Parce qu'il expliquait qu'il y avait des limites à la croissance, le rapport Meadows fut le premier signal de résurrection de la pensée hérétique d'un homme dont les écoles de la République nous avaient depuis le XIXe siècle appris à nous méfier : Thomas-Robert Malthus. Le méchant homme : il voulait chasser les pauvres du grand banquet de l'humanité. Il disait qu'il n'y avait pas assez de places pour tous autour de la table. Et ce vilain diable défendait une théorie malencontreuse : il estimait que, alors que l'exploitation des ressources alimentaires augmentait de façon arithmétique (1, 2, 3, 4, 5, 6, 7, 8...), la population, elle, augmentait de façon exponentielle (1, 2, 4, 8, 16, 32, 64, 128...) et que, ce faisant, le monde ne pouvait qu'aboutir à une situation de crise telle qu'on la connaissait en ce début du XIXe siècle dans les quartiers miséreux de Londres : jamais la Terre ne pourrait nourrir tous ces pauvres qui se reproduisaient comme des lapins. Moins de famines, moins d'épidémies, un peu plus d'hygiène... La mortalité avait baissé, mais pas la natalité. Non seulement Malthus n'était pas un grand penseur – plutôt un compilateur d'idées glanées ici et là –, mais de plus il était à contre-courant d'une pensée libérale et progressiste triomphante. L'être humain était là pour vaincre ce destin morbide auquel on l'avait soumis pendant des années, et le joug de la nature dont il pouvait aujourd'hui, avec les progrès des connaissances, devenir le dompteur. Descartes lui-même l'avait écrit dans le *Discours de la méthode* : la nouvelle philosophie (de la mécanique) allait "nous rendre comme maîtres et possesseurs de la nature". Les lumières de la raison humaine contre l'obscurantisme de mère Nature.

On moqua Malthus, Marx le cloua au pilori, les libéraux en firent de la charpie, et l'histoire l'acheva : le progrès technique améliorant les rendements des terres cultivées, ses calculs apparurent évidemment faux, illusoires, et – pire que tout – dangereusement négatifs. Il criait bêtement au loup alors même que l'intelligence du monde semblait justement l'emporter sur sa bestialité. L'esprit humain inventait des machines, des systèmes et des organisations sociales qui amélioraient les rendements et nivelaient les statuts de l'homme. Circonstances aggravantes : Malthus, devenu pasteur, avait le mauvais goût d'ajouter des considérations morales à ses pensées économiques, prônant le contrôle des naissances par les moyens de l'époque : l'abstinence. Nos lumières l'éteignirent. Et l'Anthropocène prit tranquillement son envol.

Mais la crise pétrolière, puis peu à peu la crise des ressources minérales, la crise de l'eau et celle des terres agricoles, les pénuries alimentaires, les réfugiés environnementaux firent comprendre que le conservatisme de ses positions morales avait peut-être occulté l'intérêt de ses théories : et s'il y avait bien après tout une limite au progrès humain ?

Les années 1970 sont également et parallèlement celles de la réaffirmation de nos devoirs vis-à-vis de la Terre qui nous héberge. Certains affirment que la conquête de la Lune nous fit prendre paradoxalement conscience de notre propre patrimoine planétaire. Le fait est que ces années marquent la réouverture d'une vieille polémique qui oppose entre eux depuis le début du siècle les partisans de la conservation de la nature. A l'origine, il y a deux hommes : John Muir et Gifford Pinchot, qui luttent tous deux pour protéger ce qu'on n'appelle pas encore l'environnement. Or les points de vue des deux amis vont diverger au point de finir par les opposer radicalement. Le premier est un voyageur et un écrivain qui se fait l'apologue de la préservation de la vie sauvage. Le second est un forestier formé à l'école de Nancy et fondateur de l'US Forest Service, qui défend l'idée d'une conservation utilitaire de la nature lui permettant de se régénérer et de s'autoentretenir sur le long terme. Dans leur sillage, les naturalistes vont s'affronter tout au long du siècle et encore aujourd'hui autour de ces deux pôles : la "wilderness" et "le développement durable". La communauté scientifique ne cessera de pencher d'un côté puis de l'autre, se posant ainsi sans cesse la question fondamentale de la place de l'homme par rapport à la nature. Un débat autant moral et philosophique que scientifique. Des réserves pour quoi faire ? Pour préserver la beauté et le mystère d'un état "naturel", "vierge", présupposé du mythique "équilibre originel" ? Ou pour "gérer la nature" et entretenir des ressources à valoriser faute de se retrouver demain devant l'irréparable ? Encore aujourd'hui le débat fait rage.

C'est qu'il témoigne d'un phénomène nouveau : qu'il s'agisse de la spoliation des ressources naturelles dont les fruits ne seraient pas infinis ou de la protection de la nature – comme d'un enjeu pour notre survie propre –, c'est dans ces années 1970 que naît l'idée fondamentale que tout est interrelié, que le vivant est une part intégrante du système Terre et que l'homme est une espèce sacrément invasive qui risque de déséquilibrer tout ça.

Bien sûr, l'idée n'est pas nouvelle, mais ceux qui, à l'instar de John Muir, osaient prétendre qu'au milieu du déséquilibre permanent de la nature l'ordre nouveau imposé par l'espèce humaine pouvait être un danger fatal étaient traités de mystiques ou de mauvais coucheurs.

Ainsi de l'Américain George Perkins Marsh qui, en 1864, publia *Man and Nature*. Affirmant que la déforestation conduisait à la désertification, il y prédisait que l'action de l'homme pourrait conduire à un environnement aussi désolé que celui de la Lune ! Salué en son temps mais oublié des manuels...

Ainsi de l'abbé Stoppani, professeur au Muséum de Milan qui, en 1873, dans son *Corso di Geologia*, imaginait une ère géologique nouvelle, "anthropozoïque", où l'homme devenu une nouvelle force tellurique s'imposait aux autres forces...

Ainsi, surtout, de trois hommes qui, entre 1922 et 1925, allaient se croiser à Paris. Le premier, Vladimir I. Vernadsky, est un géochimiste et naturaliste russe qui a fui la guerre civile sans pour autant s'opposer au nouveau régime – il est un des piliers de l'Académie des sciences de Saint-Pétersbourg et donne des conférences en Sorbonne où il a été invité. Faute de soutiens financiers, il retournera en URSS en 1926 pour y poursuivre ses travaux sur la biosphère. Le second s'appelle Pierre Teilhard de Chardin. Le célèbre jésuite – géologue, paléontologue, philosophe, théologien – enseigne à l'Institut catholique de Paris et fréquente le Muséum d'histoire naturelle où Alfred Lacroix accueille son ami Vernadsky. Il n'a pas encore été définitivement "éloigné" en Chine (où il sera envoyé en mission de longue durée, histoire d'éviter de voir ses idées par trop hérétiques se répandre). Quant au troisième homme, Edouard Le Roy, c'est un ami intime de Teilhard, un mathématicien converti à la "nouvelle philosophie" de Bergson auquel il succédera au Collège de France. L'époque est d'une grande ébullition intellectuelle. Et les trois hommes sont marqués d'une part par la Grande Guerre de 1914 qui consacre le machinisme meurtrier de la civilisation industrielle, et d'autre part par la lecture d'un livre de l'Autrichien Edouard Suess publié en 1921, *La Face de la Terre,* dont le dernier chapitre, "La Vie", évoque un ordonnancement de la Terre selon des enveloppes géologiques. Il en dénombre quatre : l'atmosphère (l'air), l'hydrosphère (l'eau), la lithosphère (les roches) et... la biosphère qui est à l'intersection des trois et comprend l'ensemble des organismes vivants ainsi que le milieu où ils vivent. Pour expliquer le mécanisme de cette "sphère de la vie", Edouard Suess a – dès 1875, inventant le mot à l'occasion d'un opuscule sur *La Génèse des Alpes* – employé l'image de la plante : celle-ci, pour s'épanouir, ne doit-elle pas puiser ses nutriments dans le sol, s'abreuver à la source, et s'élever dans l'air pour respirer ?

A l'époque, la théorie n'a aucun succès parce que la division entre les sciences de la vie et les sciences de la Terre est totale. Contrairement à la tradition naturaliste des Lamarck, Humboldt, Darwin et Wallace, pour les scientifiques de la société industrielle, cela n'a tout simplement pas de sens. Seuls Vladimir Vernadsky, Pierre Teilhard de Chardin et Edouard Le Roy vont accrocher à ce concept. Ils y voient toute l'importance qu'il y a à replacer l'homme dans son écosystème au sens large, la Terre. C'est à Paris, entre ces trois hommes, que naît un nouveau concept : la noosphère, la "sphère de l'esprit humain", qui prend en compte l'influence grandissante de l'homme et de son pouvoir intellectuel et technologique sur cette biosphère dont il transforme la construction "biogéochimique". "Nous vivons dans une époque critique de l'histoire de l'humanité.

Je ne parle pas des bouleversements politiques et sociaux qui se passent sous nos yeux et qui paraissent n'être qu'à leur début. Des événements beaucoup plus graves et plus profonds se produisent dans le domaine de la pensée humaine. Les fondements de nos conceptions sur l'univers, sur cette nature – entité unique –, sur ce Tout, dont on a tant parlé au XVIIIe siècle et dans la première moitié du XIXe siècle, se transforment sous nos yeux avec une rapidité extraordinaire, rare dans l'histoire de la pensée", écrit Vladimir Vernadsky dans son essai intitulé *Géochimie* en 1924. "L'avènement de l'homme est un palier entièrement original, d'une importance égale à ce que fut l'apparition de la vie, et que l'on peut définir comme l'établissement sur la planète d'une sphère pensante, surimposée à la biosphère, la noosphère", renchérit Pierre Teilhard de Chardin. La noosphère, c'est celle de la pensée, celle qui affirme l'influence désormais essentielle de l'esprit humain dans les modifications et le fonctionnement de la planète. Le primat de "l'homme civilisé" sur son environnement. Pour autant, entre le jésuite français et le "biogéochimiste" russe, il y a une différence d'interprétation fondamentale. Pour Teilhard de Chardin, la biosphère est l'ensemble du vivant. Alors que Vernadsky va au-delà des organismes et l'étend à tous les milieux naturels où leur métabolisme peut se développer en transformant ce milieu, le vivant est donc en interaction avec l'atmosphère, les océans, et les sols jusqu'à une profondeur qu'il fixe artificiellement à 3 kilomètres. Et les générations nouvelles de ressortir de l'oubli un demi-siècle plus tard les textes d'un Vernadsky méconnu : "Nous vivons dans une époque géologique sans précédent. L'homme, par son travail et son attitude consciente vers la vie, reconstruit une enveloppe terrestre, le domaine logique de la vie, la biosphère. Il la transforme en un nouvel état géologique, la noosphère. Il crée au sein de la biosphère de nouveaux processus biogéochimiques qui n'existaient pas auparavant. Le phénomène est planétaire..."
Ce sont là – redécouvertes à la faveur de la crise écologique qui pointe son nez dans les années 1970 – les premières bases d'une pensée systémique qui réfléchit la Terre en tant qu'ensemble. Pas étonnant que ce soit également à ce moment-là

que l'on commence à discuter du concept Gaïa du Britannique James Lovelock. Chimiste, ayant étudié l'atmosphère de Mars dans le cadre d'un programme de recherche de la vie sur cette planète à la NASA, il établit dès 1974 en compagnie de la microbiologiste Lynn Margulis une théorie de la Terre très proche du concept de biosphère, qui sera tour à tour appuyée dans les années qui vont suivre par des recherches scientifiques pointues et par une mystique "new age". Le nom, Gaïa, emprunté à la divinité de la Terre dans la mythologie grecque et proposé à Lovelock par son voisin, le romancier William Golding *(Sa Majesté des mouches)*, renvoie à l'idée d'un superorganisme très complexe dont la géophysiologie est autorégulée par et pour la vie. L'article qui fait tilt ? "Atmospheric homeostasis by and for the biosphere..." Parce qu'avant de s'intéresser à la chimie des atmosphères planétaires, James Lovelock est docteur en médecine : son modèle passe par la physiologie des régulations et la notion d'homéostasie chère à Claude Bernard, cette capacité d'un système à établir un "équilibre dynamique" qui le maintient en vie. On n'est pas très loin des conceptions de Vernadsky, la poésie et l'abstraction en plus. "De même que la coquille fait partie de l'escargot, les roches, l'air et les océans font partie de Gaïa", écrira James Lovelock. Accusé de voir en toutes choses une finalité qui serait plus spirituelle que scientifique, il va modéliser les systèmes d'interaction entre le vivant et le climat en prenant une seule variable, la température, et une seule espèce – avec son seul biotope –, le monde des pâquerettes *(The Daisyworld)*, pour montrer qu'un système simple peut se protéger en utilisant la biosphère comme agent stabilisateur. Le sujet est, nous le verrons, controversé, même si, malgré son nom de star du rock'n roll et ses envolées lyriques, le Britannique est un scientifique reconnu. Précurseur, il montrera plus récemment, en 1986, que la formation des nuages et, par voie de conséquence, le climat dépendent d'un composé volatil, le sulfure de diméthyle, produit par le phytoplancton qui se développe à la surface de l'océan, accréditant ainsi la thèse que le vivant régule l'atmosphère qui, à son tour, régule, etc. Mais peu importe au fond qu'il ait raison ou tort, ce qui nous intéresse ici, c'est qu'il raconte bien l'émergence d'une pensée écologique globale.

Biosphère, noosphère, écosphère, Gaïa... le foisonnement de ces termes nouveaux annonce, en ce XXe siècle finissant, une nouvelle donne dans le monde conservateur et cloisonné de la science : l'homme y est replacé – non par anthropocentrisme, non par choix divin, non par finalisme biologique, mais parce que la société qu'il a créée est devenue le principal facteur de modification de la planète – au cœur du système Terre.

Prise de conscience des années 1970, alerte climatique des années 1980, basculement des années 1990 après le Sommet de Rio, consensus des années 2000 sur la crise climatique... La crise environnementale est au centre de notre problématique désormais mondialisée. Les industriels se la sont réappropriée, les agents du marketing en ont fait une valeur marchande, et les politiques un argument de choix. Pour autant a-t-on changé quoi que ce soit ?

L'ami Jacques nous attend sur les bords du lac Léman devant une de ces perches délicieuses qui, malheureusement, et depuis longtemps, ne sont plus pêchées dans les eaux calmes sur lesquelles les canards Eider, les mêmes entrevus il y a quelques mois au Groenland, viennent se poser en troupes fournies. Jacques Grinevald est philosophe, historien des sciences et de la technique, chercheur "transdisciplinaire" comme il aime à le rappeler. Il enseigne l'écologie globale à Genève, à l'Institut d'études des relations internationales et du développement.

"La technique moderne est basée fondamentalement sur une science préindustrielle : la mécanique. Or celle-ci élimine le vivant. L'exclut. On a fabriqué des écoles d'ingénieurs – selon une tradition militaire – où on enseignait les maths, la physique, un peu de chimie, ensuite l'électricité, l'électronique, etc. La modernité occidentale a fabriqué un univers mécanique oubliant seulement que nous étions, nous, des êtres vivants dans une nature vivante. La société industrielle a des fondements scientifiques incomplets et anachroniques. Le XIXe fut une erreur ; le XXe, une catastrophe, et le XXIe ? On verra... "

Pour Jacques Grinevald, la faute originelle de l'*Homo anthropocenus* est à chercher là, dans l'univers de l'ingénieur, dans "la révolution carnotienne" qui marque la naissance de ce qu'il appelle la société thermo-industrielle. Une civilisation où tout repose sur la "puissance motrice du feu" chère à Sadi Carnot, le fils du grand Lazare, tous deux scientifiques mais avant tout membres de la tradition classique des ingénieurs militaires. Les Carnot, comme le symbole de l'ingénierie de la puissance, de la toute puissance de l'ingénierie... Des roues hydrauliques à la machine à feu, des turbines aux centrales thermiques et à l'industrie du pétrole, le grand révolutionnaire de la civilisation moderne, c'est lui, l'ingénieur, admirable et inquiétant. A travers lui, c'est plus fondamentalement la notion de progrès que le philosophe interroge, le fait que nos sociétés aient tourné la science non plus vers une compréhension de l'homme comme une partie d'un tout, la biosphère ("au sens de Vernadsky"), mais vers la satisfaction de leur volonté de puissance. "Le rêve des capitalistes, n'est-ce pas de pouvoir payer des gens qui inventent des techniques quasi miraculeuses, permettant de repousser sans cesse les limites naturelles et de continuer à suivre sans changement radical le dogme du progrès technique et de la croissance économique ? L'innovation, explique Jacques Grinevald, c'est le concept clé dans les écoles d'ingénieurs. Une religion du salut ! Par l'innovation, par les nouvelles technologies, on va être sauvé... C'est un mythe qui correspond tout à fait à notre société qui crie : « On n'a pas de pétrole, mais on a des idées »... L'image de l'homme providentiel, du messie, est centrale dans notre culture occidentale. Or, avec le XIXe siècle, nous avons investi dans l'innovation technologique cette idée de messie..."

Qui n'a regardé avec effroi à Dubaï, dans les Emirats, la construction de ces tours gigantesques, plantées au milieu du désert, par des hommes ivres de puissance et blindés d'argent ? Frappés bien souvent d'un label "environnemental" parce qu'on y a utilisé les dernières techniques d'économie d'énergie et de récupération des eaux, ces immeubles irréels et absurdes font figure d'hommage au surréalisme. Quel drôle de monde que celui que nous avons construit !

Il y a ainsi, au cœur du rêve humain, la même illusion d'optique qui frappe l'explorateur sur le continent antarctique : le monde lui semble infini. L'homme ne connaît pas de limites à ses territoires, son intelligence est, pense-t-il, capable de transcender la réalité... Nous sommes Dieu, et c'est à nous qu'il revient de définir la taille de notre univers, de réinventer les lois physiques qui nous régissent, de rendre la richesse inépuisable... Alors même qu'il expliquait à ses pairs la très logique mécanique des forces, Isaac Newton lui-même ne travaillait-il pas dans la pénombre de son atelier sur des expériences alchimiques secrètes pour tenter de transformer du plomb en or ? Fustiger, comme ne s'en privent pas les champions de la croissance, les "déclinologues" qui émettent l'hypothèse d'une limite – du pétrole, de l'eau disponible, des ressources naturelles... –, c'est continuer de croire ainsi dans l'immortalité de l'homme et de son jardin.

Page suivante : : Ces glaces crevassées qui arrivent en mer viennent du cœur de l'Antarctique après un voyage de milliers d'années.

LE MUR

Où il apparaît que ce pisse-froid de Malthus avait raison d'affirmer qu'il y avait une limite à l'expansion humaine, au-delà de laquelle l'humanité serait en crise... mais qu'il est très difficile à l'homme d'admettre ce type de raisonnement.

Avouons-le : nous nous sommes trompés. Les premiers nous avons marché à plein dans la société de consommation et de progrès. Nous avons cru aux lendemains qui chantent, aux miracles de la science, aux bienfaits de la civilisation. Nous avons été planter notre drapeau sur tous les toits du monde, nous avons voulu montrer notre domination à cet univers qui nous faisait si peur. Un jour, à la télévision, nous avons même vu apparaître la Terre, cette petite boule bleue, si petite, filmée depuis un satellite, un de ces engins que l'homme avait mis en orbite. Nous avons cru que nous avions gagné, dominé la nature, maîtrisé notre destin... Petites choses que nous étions. Aujourd'hui nous avons la gueule de bois. Et nous voyons venir, fondant de plus en plus rapidement sur nous comme des aigles sur leurs proies, de grandes falaises inquiétantes. Nous aimerions pouvoir freiner, mais nous ne trouvons pas la pédale de frein. Nous aimerions pouvoir bifurquer, mais la route est impeccablement droite. Nous aimerions pouvoir tirer la sonnette d'alarme, mais bien d'autres avant nous s'en sont chargés en vain : ces murailles sont dans nos têtes. Nous vivons dans l'illusion d'un monde infini, dans l'obsession de la croissance et dans le fantasme de l'exception humaine : les êtres que nous sommes se sont mis au-dessus des lois de la nature. Et malheur à ceux qui crieront au loup : ils seront systématiquement traités de fous. Quand bien même seraient-ils là les plus raisonnables de tous. L'homme ne peut s'empêcher de croire au bonheur, même lorsqu'il roule à la vitesse de la lumière vers une muraille de pierre. On peut se féliciter de cette combativité. Cela ne supprime pas les murailles.

Les neiges hivernales tapissent le massif de Belledonne. Le vent vient de là-bas, du Sud, apportant la rumeur de l'autoroute dans la vallée où la civilisation continue de foncer en aveugle. On est en mars, mais quelques feuilles mortes coupables tapissent mollement les rues et chemins de Saint-Nazaire-les-Eymes. Ils sont deux. Un moteur sur le dos, un tuyau, soufflant de l'air, porté à bout de bras. Et sur la tête un casque pour protéger leurs oreilles du bruit. Ils rassemblent les feuilles. En pleine campagne, ils ramassent les feuilles mortes qui salissent le goudron. Il y a là comme une énorme absurdité. Pire qu'un tableau de Jérôme Bosch. Qui sont ces deux fous avec un casque, un moteur et un souffleur, demanderaient les spectateurs incrédules d'un tel tableau ? Le moteur est lourd, bruyant, et les feuilles se prennent dans les graviers. Le plus grand des deux hommes a posé son appareil, et attrapé un balai. Il enlève son casque : "On est obligé de mettre ça, sinon le soir on est sourd", et sourit : "Laisser les feuilles pourrir ? Vous n'y pensez pas ! L'humus ? Mais, mes pauvres amis, les gens appellent dès qu'il y a des feuilles qui traînent. On ne supporte plus. On râle... Bon, là, y a les graviers, mais sinon c'est vrai que les machines ça va plus vite que le balai." Dans le champ en face, le grand cheval bai nous tourne le dos.

Une situation absurde ? Une parmi mille autres. La vie telle qu'elle est dans l'Anthropocène. Société de l'énergie facile et du confort, le village de plus en plus global est entré imperceptiblement dans l'âge de la déraison. Comme si la seule motivation de vivre au tournant du millénaire n'était plus de satisfaire ses besoins et ses désirs, mais d'alimenter la machine à produire. Comme si le silence des machines signifiait forcément l'arrêt de mort de cette société. Produire, ça, on sait faire. L'Anthropocène, c'est l'ère de la fabrique ! Mais pour continuer de produire, il faut que les hommes consomment ; pour que le grand mécanisme de l'offre et de la demande, noria économique de base, ne s'arrête pas, il faut l'alimenter de désirs. Aussi absurdes soient-ils. Créer le désir pour créer le besoin. Personne n'avait jamais manifesté dans la rue pour réclamer des téléphones portables... Cela n'avait jamais été une nécessité... Qui aujourd'hui accepterait de s'en passer ?... La grande machine à produire, à créer de la croissance, a-t-elle inventé un objet de civilisation ou trouvé là une nouvelle matière à désir, devenue une matière à besoins – une parmi tant d'autres ? Le débat est ouvert.

L'un des pères de l'écologie politique, Ivan Illich, ancien prêtre, penseur libre, formula le concept de "monopole radical" pour décrire ce qu'il considérait comme une aberration de notre siècle, comme une perversion de la civilisation : le primat de l'offre technologique sur la liberté des individus. "Quand une industrie s'arroge le droit de satisfaire, seule, un besoin élémentaire, jusque-là l'objet d'une réponse individuelle, elle produit un monopole. La consommation obligatoire d'un bien qui consomme beaucoup d'énergie (le transport motorisé) restreint les conditions de jouissance d'une valeur d'usage surabondante (la capacité innée de transit)", écrivait-il en 1975 dans *Energie et équité*.

Si on arrête tout, la civilisation s'effondre ? Ce n'est pas impossible… L'homme de l'Anthropocène n'est pas celui qui a dompté la nature, ni même celui qui l'a niée. L'homme de l'Anthropocène est celui qui a voulu créer une civilisation au-dessus de la nature, indépendamment d'elle. Armé de ses machines, il est devenu la première force animale, puis vivante, puis géologique… Dans l'accomplissement du rêve prométhéen, dans l'illusion de croire qu'il pouvait se passer de la Terre.

On ne peut s'empêcher de repenser au méconnu et pas banal traité d'économie générale où, après la guerre, l'écrivain et philosophe Georges Bataille, plus connu pour ses écrits sur l'essence de l'érotisme et sur le sacré, évoquait "ce mouvement de dilapidation, qui nous anime et même que nous sommes…" Dans ce livre peu orthodoxe baptisé *La Part maudite*, il expliquait que "la dépense (la consumation) des richesses est, par rapport à la production, l'objet premier". Georges Bataille avait soigneusement lu Vernadsky, dont il citait le livre *La Biosphère*, pour expliquer notamment : "Si les ressources qu'il détient sont réductibles à des quantités d'énergie, l'homme ne peut les réserver sans cesse aux fins d'une croissance qui ne peut être infinie, qui surtout ne peut être continuelle. Il lui faut gaspiller l'excédent, mais il reste avide d'acquérir alors même qu'il fait le contraire, et il fait du gaspillage même un objet d'acquisition ; les ressources une fois volatilisées, demeure le prestige acquis par qui gaspille." On le voit : le questionnement de la croissance ne date pas d'hier, mais il a toujours suivi des chemins à la marge, tant il questionne le projet même de notre société. "Jadis, écrit encore Georges Bataille, la valeur était donnée à la gloire improductive, tandis qu'on la rapporte de nos jours à la mesure de la production." Il faut préciser que l'écrivain publie ce texte alors que le monde émerge de deux conflits meurtriers. Il y cherche tout à la fois une explication à la violence des guerres et à la violence des échanges. Au fond, n'est-ce pas toujours dans les périodes de crise, face à la crise, après la crise, que l'homme se met à réfléchir sur le sens de la vie, et les ressorts plus profonds dont ces déséquilibres ne sont peut-être que le symptôme ? Vernadsky ou Teilhard de Chardin après la Première Guerre mondiale… Georges Bataille après la seconde… Le Club de Rome après le premier choc pétrolier… nous aujourd'hui ? Serions-nous aussi sensibles à la situation planétaire si nous n'étions pas devant une crise économique d'une telle ampleur, devant des crises sanitaires si alarmantes et des catastrophes naturelles de plus en plus fréquentes et impressionnantes ? Mais ces réflexions n'ont pas infléchi l'accélération.

Au Sommet de Rio en 1992, le premier sommet mondial sur l'avenir de la Terre, un article de William E. Rees attira l'attention. Il y définissait "l'empreinte écologique" qui quantifie pour un individu la surface nécessaire pour produire les ressources qu'il consommera et pour absorber ses déchets. Elle y traduisait deux choses : l'inégalité planétaire – en 2006, l'empreinte écologique d'un Américain est de près de 10 hectares quand celle d'un Indien ou d'un Kenyan est de moins d'1 hectare ! –, mais surtout elle mettait l'accent sur la question des limites. Sachant que les Etats-Unis exportent l'*american way of life*, et que celui-ci nécessite d'avoir plusieurs planètes supplémentaires pour satisfaire à ses besoins, que se passera-t-il demain quand l'humanité vivra sur un pied d'égalité avec son modèle ? Si tout le monde consommait comme un Européen, il faudrait deux planètes supplémentaires pour satisfaire aux besoins de la population de la Terre, expliquent depuis les experts qui, chaque année, calculent et peaufinent ces nouveaux indices. Et si tout le monde consommait comme un Américain, disent-ils, il faudrait cinq planètes supplémentaires !
Car la Terre rétrécit. Avec l'augmentation d'une population passant de 1,6 en 1900 à 6,8 milliards au début de ce siècle, et consommant de plus en plus, l'impact de l'homme sur sa planète est devenu préoccupant. Le dernier rapport de L'ONU sur l'environnement (Nairobi, 25 octobre 2007) en fait une priorité parmi

les problèmes que nos Etats-nations se doivent de résoudre. La Terre pourra sans doute nourrir les 9 milliards de Terriens désormais attendus pour le milieu du siècle, mais pas dans les conditions telles qu'elles sont aujourd'hui vécues par nous, privilégiés de la société d'abondance...

Pire : au fur et à mesure que la population augmente, ces inégalités cessent d'être un scandale pour devenir une variable assumée dans les stratégies des Etats. Car la Terre rétrécit et la terre s'épuise. D'un seul coup, la figure peu sympathique de Malthus, les leçons de morale des Cassandre reviennent en force. Et notre esprit cigale a beau chanter que notre brio, notre inventivité, aura raison des nuits à venir, force est de constater que la Terre se meurt. Que déjà l'on s'y bat pour l'accès au pétrole, à l'eau, et que les émeutes de la faim ensanglantent les quartiers populaires des villes déshéritées, en Egypte, en Mauritanie, au Mexique, au Cameroun, au Sénégal, au Maroc, en Bolivie, au Pakistan, en Indonésie, en Malaisie... Un "mémo" du Bureau de la coordination des affaires humanitaires (OCHA) de l'ONU, dévoilé par *Le Monde*, montre ainsi que les fonctionnaires de l'organisation mondiale se préparent au pire : "Une des inquiétudes majeures est la possibilité que l'ensemble du système d'aide alimentaire soit incapable de faire face." Et l'on voit aujourd'hui des pays en plein développement industriel anticiper la crise qui se profile en achetant des milliers d'hectares de terres cultivables à des pays en littérale faillite financière. Si l'on en croit la très sérieuse ONG Grain basée à Barcelone, cinq pays (la Chine, la Corée du Sud, les Emirats arabes unis, le Japon et l'Arabie saoudite) disposent aujourd'hui à eux seuls de 7,6 millions d'hectares de terres agricoles achetés dans les pays pauvres !

Crises conjoncturelles ? Le Fonds international du développement agricole (FIDA) affirme que, pour chaque augmentation d'1 % du prix des denrées de base, 16 millions de personnes supplémentaires sont plongées dans ce qu'il est désormais convenu d'appeler "l'insécurité alimentaire" : "1,2 milliard d'êtres humains pourraient avoir chroniquement faim d'ici à 2025." En tête de liste : l'Erythrée, la Sierra Leone, Madagascar, Haïti, le Burundi, le Zimbabwe...

Selon les chiffres de l'Organisation mondiale de la santé, 57 % des 6,5 milliards d'humains que compte aujourd'hui la planète souffrent de malnutrition contre

20 % (pour 2,5 milliards de personnes) en 1950. Près de la moitié de la population mondiale est entassée dans les zones urbaines, souvent sans installations sanitaires adéquates, et conséquemment exposée à des épidémies. Des maladies que l'on croyait endiguées, comme la tuberculose, ressurgissent quand de nouvelles apparaissent : virus du Nil occidental, grippe aviaire. Et pour trouver une pandémie comparable à celle du sida, il faut remonter à la peste bubonique qui emporta au XIVe siècle un quart de la population de l'Europe. 1,2 milliard de personnes manquent aujourd'hui d'eau potable (en dessous de 1 000 mètres cubes par habitant et par an). Les eaux croupies créent des zones de reproduction pour les moustiques porteurs de malaria, tuant 1,2 à 2,7 millions de personnes par an, et la pollution atmosphérique tue environ 3 millions de personnes par an, toujours selon les chiffres de L'OMS qui, dans un rapport publié en 2006, expliquait que 13 millions de morts pouvaient être attribués chaque année à de pures questions environnementales, et en premier lieu à la pollution de l'eau.

N'en déplaise aux avocats du saint sacre de la croissance prêchant que plus on crée de richesses, plus l'ensemble des hommes en bénéficient ; l'histoire du siècle passé montre que, loin de combler le fossé entre les groupes sociaux, le développement de la production s'est accompagné du creusement des inégalités. L'Anthropocène a cette particularité d'être, dans l'histoire de l'humanité, une période d'extraordinaire prospérité qui a produit une extraordinaire rupture sociale et économique. L'explosion des techniques a multiplié les richesses et elle a multiplié l'horreur. Le Nord contre le Sud, les riches contre les pauvres, les industriels contre les agraires, les surdiplômés contre les sans terre, les sans papiers, les sans culottes, les sans rien. Déforestation, surpêche, agriculture extensive, trou dans la couche d'ozone, réchauffement climatique… Une étude de l'Académie nationale des sciences américaine (Srinivasan *et al.*, *Proceedings of the National Academy of Science*) décrivant les coûts environnementaux de la mondialisation économique depuis 1961 montre que les pays les plus riches, par leurs activités, ont généré 42 % de la dégradation à travers le monde tout en assumant seulement 3 % des coûts qui en résultent.

Une photo ou plutôt une série de photos prises de là-haut et ensuite déroulées forment une sorte de vaste panoramique de la Terre. C'est la nuit en bas. On y distingue les contours des continents. Les masses noires des océans. Et puis des milliers de lumières qui forment comme une guirlande lumineuse au milieu de l'hémisphère Nord. La démonstration est évidente : là où sont les lumières sont les hommes qui dépensent de l'énergie. Plus il y a de lumières plus il y a d'énergie utilisée. L'Afrique est dans le noir, l'Europe brille de mille feux. La Chine, quant à elle, est devenue en 2010 la première puissance mondiale en termes de consommation d'énergie. Le réchauffement n'est pas égalitaire, et ses conséquences le seront moins encore. Pavan Sukhdev, qui fut pendant un quart de siècle un acteur des salles de marché de la City londonienne, a écrit pour le Programme des Nations unies pour l'environnement un rapport accablant : ce sont les pauvres – pêcheurs, éleveurs, sylviculteurs... – qui seront les premières victimes de la dégradation des écosystèmes et de cette biodiversité dont ils sont tributaires.

Et la trouille nous prend quand, d'un seul coup, nous prenons conscience que le reste du monde ne rêve plus que d'une chose : accéder à cette abondance qui ne lui est pas autorisée. Pour cela, il franchira les mers et les cieux, à fond de cale, dans le train d'atterrissage relevé d'un avion, il franchira les murs qui le séparent du rêve que nous lui avons vendu. Il quittera son déséquilibre local pour ce qu'il croyait – que nous croyions – être la grande paix mondiale de la prospérité, le grand équilibre du bonheur industriel, technologique, démocratique. Et arrivé chez nous, il ira croupir dans les bas-fonds de nos désirs.

La civilisation industrielle est un rouleau turbocompresseur. Lorsque les Danois décidèrent de s'installer au Groenland où vivaient les Inuits, au début du XVIIIe siècle, ils commencèrent par établir des pêcheries, des comptoirs, des églises. Ils évangélisèrent, se marièrent. Ils apprirent à manger du phoque, à comprendre le sens des vents, et la façon de survivre dans ces territoires gelés. Et puis un jour, avec la dernière guerre mondiale, les Danois comprirent que le Groenland n'était pas seulement une terre reculée, chasse gardée où il faisait bon pêcher et traquer les renards polaires, mais aussi un territoire stratégiquement important. La donne change. Ce qui devient stratégique devient coûteux – 52 000 habitants y peuplent un paysage quatre fois grand comme la France –, ce qui devient coûteux devient normalisable, gérable, planifiable. Les Danois firent ce que la logique du monde moderne leur disait de faire, ce que n'importe quelle autre puissance aurait fait, ou a fait (les Américains en Alaska, les Canadiens au Nunavut, les Russes au Kamtchatka) : ils réorganisèrent la société inuit. Les familles nomades furent regroupées dans des *settlements*. Les Danois sont des gens bons. En échange, ils leur offrirent tout ce qu'ils avaient à leur offrir, tout ce que la civilisation avait à offrir, et ce n'était pas rien. Les Danois leur offrirent le bonheur.

Dans de jolis chalets en bois peint posés sur les rochers, on installa les familles, on leur donna un téléviseur. On dressa une église, une école. On leur apprit où était le Sahara. On ouvrit des supermarchés et des accès Internet. Plein d'accès Internet. On leur procura de quoi boire et ne pas s'ennuyer quand le soleil tombe pour six mois sur l'inlandsis et les fjords. On construisit des usines, des conserveries, des déchetteries dans ces espaces désertiques. Sortie de nulle part, Nuuk, la capitale, devint une ville de 15 000 habitants. Avec des barres d'immeubles, une université, un centre culturel qui n'a que très peu à envier à la fondation Cartier. Des supermarchés, des pubs où boire jusqu'au fond de la nuit, et même un feu rouge pour coordonner les voitures qui se croisent sur ces routes qui ne vont guère au-delà des limites de la ville.

La civilisation avait gagné – ne gagne-t-elle pas toujours ? On embarqua les Inuits sur des bateaux usines, on leur interdit, au nom de la planète, de tuer des baleines au-delà d'un faible quota. Ils achetèrent des yachts avec les subventions, s'enfermèrent devant la télé. Et oublièrent le monde tel qu'il existait quand l'homme était l'enfant de la glace.

Ce n'est pas un grand mal, diront les *qallunat* ("les hommes aux gros sourcils", comme les Inuits appellent leurs colonisateurs occidentaux) : l'espérance de vie des populations autochtones était désespérément basse, ils vivaient dans des conditions inhumaines d'isolement. Quant à leur plat national (de petits oiseaux égorgés et mis à macérer avec plumes et boyaux dans une panse de phoque avant d'être soigneusement et stratégiquement laissés quelque part à pourrir sous une pierre), il pouvait soit vous sauver lorsque vous vous précipitiez dessus, affamé après des jours d'une chasse infructueuse, soit vous tuer raide d'une septicémie ! Il n'empêche, la civilisation inuit survécut à des milliers d'années de froids glaciaires...

"Nous vivons plus longtemps, en meilleure santé, et plus confortablement, sur une planète plus propre", écrit dans *The Improving state of the world* [L'état du monde en amélioration] Indur Goklany, économiste œuvrant à Washington au sein du très libéral Cato Institute. Mais que sait-il de la vie des Inuits aujourd'hui ? Que sait-il de l'ennui, de l'inceste, de l'alcoolisme, du taux record de tentatives de suicide ? A-t-il entendu parler de ces pêcheurs d'Illoqqortoormiut – un village de 500 habitants isolé sur la côte est du Groenland, à 600 kilomètres de toute terre habitée – qui, de tristesse et de colère, de révolte et de boisson, massacrèrent au cœur de l'été une cinquantaine de baleines, laissant leurs corps pourrir sur la berge ensanglantée sans utiliser ni leur chair ni leur graisse, au mépris de toutes les règles d'aujourd'hui ou d'autrefois ? La civilisation gagne, ou croit-elle gagner ?

Les hommes "aux gros sourcils" s'en moquent. Tant qu'ils poursuivent leur course en avant, ils pensent qu'ils sont vivants. Et c'est ainsi que nous construisons des tours toujours plus hautes, que nous asséchons des mers, détruisons des terres vierges, dynamitons les atolls, déboisons les forêts vierges, éradiquons des espèces, exterminons des cultures, sans regarder – ou si peu – en arrière. Quand on survole la lagune de Dakla qui, en Mauritanie, fait pénétrer l'Atlantique dans les sables du Sahara, on découvre un spectacle étonnant : plus de 800 hectares de travées au-dessus du sable. Ce sont des plants de tomates "hydroponiques" : plantés dans des bacs au-dessus des sols incultes. Les tomates sont arrosées par l'eau prélevée directement dans la nappe phréatique... Alors nous reviennent les paroles de ce paysan rencontré sur les routes de France, l'homme de Récicourt, près de Verdun, désespéré de voir ses sols s'appauvrir et la cour de sa ferme se recouvrir d'un étrange lichen verdâtre : "Avant nous savions peu de choses, mais nous avions du bon sens. Aujourd'hui nous savons presque tout, mais nous avons perdu le sens."

La prévision est un art difficile. Aussi chacun s'empresse de mettre des bémols, des "si..." dans tout rapport sur l'épuisement des ressources, qu'il s'agisse de nos réserves d'eau, de nos maximums de productivité agricole ou des extractions pétrolières. Pourtant, il y a longtemps que le dernier puits de charbon a été fermé en France, et le "Peak oil", ce "jour du dépassement" où la production ne suffira plus à combler une demande toujours plus importante, est désormais dans toutes les têtes. Pour certains comme l'incontournable observateur américain de l'état écologique de la planète, fondateur du Worldwatch Institute, Lester Brown, c'est chose déjà faite depuis 2007. Certes il y a encore des réserves et même quelques territoires inexplorés, mais il ne fait plus de doute à personne que ce n'est plus qu'une question d'années, ou de dizaines d'années, avant que nos énergies fossiles ne soient plus qu'un glorieux souvenir. "Nos enfants et petits-enfants devront se contenter de peu de pétrole et de gaz. L'âge d'or du pétrole a disparu avec le millénaire", expliquait lors d'un colloque à Bruxelles le géophysicien Jean Laherrère, un des experts mondiaux en la matière, qui fut pendant trente-sept ans en charge des techniques d'exploration chez Total avant d'entrer en dissidence face aux discours indécrottablement optimistes de façade. Et d'affirmer : "Les réserves accumulées pendant plus de cinq cents millions d'années seront consommées en deux siècles."
Qu'importe ! expliquent les irrédentistes optimistes des multinationales de l'énergie : nous allons trouver mieux : nucléaire, hydrogène, solaire, vent... Et

l'on voit déjà les grandes compagnies – anticipant, règle de base de tout stratège économique – se faire les championnes d'une croissance verte, regarder les enjeux environnementaux avec un souci qui dépasse la simple compassion, et investir dans la recherche pour dessiner un avenir énergétique à cette planète. Sauf que... le nucléaire a un coût de revient beaucoup trop fort pour être rentable et pose toujours la question de la dangerosité de ses déchets... L'hydrogène ou la fusion ont une fâcheuse tendance à exploser... Les biocarburants affameraient la planète... Quant aux énergies alternatives, elles ont une efficacité énergétique insuffisante pour rivaliser avec les combustibles fossiles dans un processus de croissance tel qu'il est encore aujourd'hui plébiscité par nos sociétés : car ce n'est pas uniquement des moteurs que nous voulons, mais la vitesse et la puissance : on achète sa voiture non en regardant son autonomie, mais en décryptant dans les magazines sa "poussée" au démarrage, son accélération... On y revient toujours : nous vivons dans l'âge de l'accélération. Dans le match entre crise énergétique et crise climatique, les humains ont d'ailleurs préféré rouvrir, comme au Pays de Galles, des mines de charbon pour répondre à la demande (en Chine, deux centrales thermiques sont créées chaque semaine) plutôt que de limiter les émissions de CO_2. Quant aux taxations sur le carbone, elles ont fait sourire les esprits malins du libéralisme qui y ont immédiatement vu l'occasion de créer des marchés... de droits à polluer. Les entreprises considérant, sans doute à juste titre d'un point de vue comptable, qu'il vaut mieux payer et polluer que de se reconvertir. Et voici que Thomas Crocker – qui, avec John Dales, a conçu le premier l'idée de droit d'émissions – vient lui-même aujourd'hui critiquer son idée, plaidant à sa décharge que ce plafonnement des émissions de carbone était adapté à un problème de pollution locale, mais qu'en ce qui concernait le réchauffement climatique nous étions devant une situation globale, où l'ensemble des émissions étaient en cause et que leur taxation en induisant leur déplacement ne résolvait rien à l'affaire.
Il faut une catastrophe, un typhon, un cyclone, de ceux à qui l'on attribue de jolis noms de femmes – comme Katrina –, pour que d'un seul coup l'imminence

d'un danger, d'une anormalité, nous saisisse. Il faut des milliers de morts engloutis par la rupture d'une digue pour que le gouvernement américain se dise qu'il a peut-être sous-estimé le dérèglement des éléments. Il faut une sécheresse, une vague de chaleur mortelle, comme l'Europe en connut en 2003, pour qu'enfin l'opinion publique et les élites s'émeuvent. Il faut le sida, la grippe aviaire, la porcine, les vaches folles, pour qu'on se mette à réfléchir. Mais sitôt le danger écarté, l'âme humaine efface les nuages noirs de son souvenir pour se concentrer à nouveau sur les lendemains qui chantent. En revanche, que le robinet du pétrole vienne à se tarir, que les énergies fossiles s'épuisent, que la voiture reste au garage faute de carburant et que les radiateurs soient froids, et le monde en sera bouleversé. C'est aujourd'hui le pétrole qui fait bouillir la marmite et bouger les consciences, qui fait tourner le monde et mobilise les intelligences, qui oblige les élites à se tourner vers l'avenir, à prévoir le manque à venir. C'est la fin du pétrole qui peut nous réveiller. Qui est en train de nous réveiller. Si nous sommes pessimistes sur l'aveuglement des hommes, nous sommes optimistes sur leur conscience de leurs intérêts bien compris : les choses vont bouger, les choses ont commencé à bouger, parce que nous y sommes contraints et forcés. C'est lorsqu'il aura mangé son pain blanc et gaspillé ses ressources fossiles en énergie que le monde dans lequel nous vivons changera.
Trop tard ?

Page suivante : En hiver, le crépuscule annonce pour les hivernants des mois de solitude dans la nuit polaire.

LES CRÉPUSCULES

Où l'on se dit que l'on a beau en appeler à un changement de nos comportements, à la sagesse et à l'éthique, il faut savoir faire preuve d'humilité en acceptant cette idée terrible : demain est un autre monde.

Une nouvelle journée sur la Terre. L'herbe est encore mouillée de rosée, comme encore vierge de présence humaine. La nature livrée à elle-même. Ce sentiment délicieux de liberté : derrière le massif de Belledonne, le soleil a entrepris de se lever. Ce n'est déjà plus l'aube, pas encore l'aurore. Le crépuscule. Cet instant où le monde hésite entre le jour et la nuit, étonnant moment de l'entre-deux. Car le crépuscule est de ces mots qui sont ce que nous en faisons, s'appliquant tout autant à la lumière annoncée du matin qu'à celle s'évanouissant dans le soir. Il est l'appel d'un jour nouveau, victoires et révolutions, réveil et avenir ; comme il peut clore l'histoire d'un temps révolu, fermer le ban d'un jour en berne, éteindre le monde. Il est l'annonciation du

désir de vivre ou de la décision de mourir. Il est notre choix : le renoncement ou le sursaut.
Là, à Saint-Nazaire-les-Eymes, face à ces montagnes encore enchâssées dans la nuit, accrochés que nous sommes à l'ubac verdoyant qui descend mollement vers l'ancienne vallée glaciaire, nous nous sentons tout petits, réclamant pour nous leur sagesse, leur immuabilité souveraine. "L'homme est la nature prenant conscience d'elle-même", écrivait à la fin du XIXe siècle ce grand anarchiste – et géographe, et voyageur – d'Elisée Reclus en exergue de son livre *L'Homme et la Terre*. Comment sommes-nous devenus maîtres d'une telle immensité ? Qui sommes-nous pour avoir déplacé les montagnes ?
Quelle raison nous manque-t-il ? L'Anthropocène, désormais âge de la sagesse ? Sans doute bien plus que cela : âge de l'obligation de sagesse...
O combien nous en sommes loin ! Tirer les sonnettes d'alarme semble un jeu vain dans un train qui jamais ne freine. Que quelques passagers se révoltent n'y change au fond pas grand-chose. Qu'il y ait des morts ? Dommages collatéraux au bonheur du grand Tout... Générations futures ? Fffuuiiii... Langue de bois de décideurs politiques et marketeurs de croissance repeinte en vert... La fin du monde ? Et pourquoi pas l'apocalypse ?... Force est de constater qu'il n'y a guère que quand ils affrontent des obstacles extérieurs que les hommes semblent entendre les paroles de sagesse.
Or ce que nous ont appris les glaces, c'est que des changements importants ont pu prendre place dans l'histoire en à peine quelques années. Les climatologues parlent d'"effet de seuil" à partir duquel tout peut basculer dans l'irrémédiable (+2 °C de réchauffement est-il supportable ?), ou pour évoquer la montée des eaux ou la libération du méthane emprisonné dans les sols gelés arctiques, sources de possibles "surprises climatiques" entraînant des rétroactions dont nous mesurons mal les conséquences. Aujourd'hui tout indique que nous sommes à un seuil, et pas à l'abri d'une surprise.
Au point que c'est la question de l'irréversibilité qui est aujourd'hui posée. Cinq courbes dans le rapport du GIEC. Cinq modélisations pour les mille ans à

venir. La première est rassurante. Elle part d'un optimisme de base. Les Etats se sont mis d'accord sur une réduction des émissions de gaz à effet de serre. Et ça marche. Les émissions se fixent rapidement. La deuxième est moins rassurante, mais elle est évidente. Ces gaz ont une longue durée de vie : il leur faut un à trois siècles pour se stabiliser. Alors les températures continuent de monter, encore bien des années après, mais de façon de moins en moins sensible. Les deux dernières courbes font en revanche froid dans le dos. L'une montre l'élévation du niveau des mers par dilatation ; celle-ci continue de grimper bien après la fixation des températures, mais de façon de moins en moins forte avant de demeurer constante à l'échelle du millénaire. L'autre courbe illustre l'élévation du niveau des mers due à la fonte des glaces. Moins forte au début, la hausse s'accentue et se perd en dehors du tableau. Finira-t-elle dans un très et imprévisible lointain à indiquer des montées de 7 et 70 mètres qui correspondraient respectivement aux volumes des glaces du Groenland et de l'Antarctique ? Admettons qu'on arrête tout aujourd'hui, jusqu'à quand va se poursuivre l'influence de l'homme ? Tout cela n'est pas une hypothèse d'école, c'est une vraie interrogation de fond.

Nous ne pouvons nous empêcher d'être possédés par un pessimisme profond. Oh ! Non pas que l'homme soit menacé ! Il s'entrégorgera, il se déplacera, il mourra de faim, de soif, de maladies, mais il ne disparaîtra pas. Pas si vite. La banquise aura disparu qu'il sera encore là. A s'autodétruire. Nous ne sommes pas pessimistes sur sa survie, nous sommes pessimistes sur sa sagesse, sur sa compréhension du fait qu'il vit une époque charnière sans précédent ; qu'il doit veiller sur la Terre de ses enfants. Nous sommes inquiets sur son sens de la responsabilité.

Bien plus qu'une discussion historique sur les origines de l'Anthropocène, c'est la question de sa fin qui est d'une acuité inquiétante. Que se passe-t-il quand on a tout mangé, tout utilisé, tout pollué ? Et quand cela se passe-t-il ? C'est quand, le bord du gouffre ? Le premier rapport Meadows au Club de Rome donnait comme date fatidique pour l'écroulement du système une échéance en

2027-2028. On peut en rire. On peut aussi s'en inquiéter. Tant les informations qui nous reviennent chaque jour de tous les continents, de toutes les disciplines impliquées dans l'observation de ces cycles ne sont ni rassurantes ni ne démentent l'imminence d'un collapsus. Certes, il faut être prudent avec les prévisions, il faut être prudent avec les apocalypses qui, par chance, ne sont pas vendues par lots de trois en tête de gondole dans les supermarchés. Pour autant, ne pas anticiper l'imminence d'une fracture tiendrait de l'aveuglement.

Si la crise environnementale planétaire à laquelle nous assistons, qui implique tous les composants de la biosphère, ne signera probablement pas la fin de l'espèce humaine, en revanche, nous le voyons, elle débouchera sur une transformation sans précédent du monde dans lequel nous vivons. Se pourrait-il que nous sortions de l'Anthropocène avant même d'avoir compris que nous y étions entrés ?

Ecoutez plutôt la triste histoire des vingt-neuf rennes de l'île Saint-Matthieu, une terre perdue à l'écart du monde quelque part dans la mer de Béring, au large de l'Alaska.

Pendant la guerre, pour guider les capitaines et les pilotes, les gardes-côtes américains y installèrent une station radio. Dix-neuf hommes vivaient là sur cette longue succession de falaises escarpées et de toundra battue par les vents. Cinquante kilomètres de long, six à huit de large. Une île déserte. Hormis des rongeurs, des oiseaux marins et des renards polaires, seuls quelques ours y avaient été vus. Le 20 août 1944, les gardes-côtes y introduisirent 29 rennes – 24 femelles et 5 mâles –, en espérant bien qu'ils se reproduiraient de façon à leur servir de réserve de viande. Le résultat dépassa leurs espérances. Pour les rennes, le lieu était un paradis. L'épais lichen constituait un festin, et leur seul prédateur possible étaient les dix-neuf hommes de la base. Mais ceux-ci n'eurent pas le temps de partir à la chasse. La guerre finie, les Etats-Unis rapatrièrent leurs troupes et laissèrent les rennes. Quand, en 1957, une expédition retourna étudier cette expérimentation écologique involontaire – l'implantation dans un espace limité d'une population d'animaux qui soit le dernier maillon de la chaîne alimentaire – les scientifiques découvrirent 1 350 bêtes pour la plupart grasses et bien portantes. Néanmoins, l'équipe nota un phénomène de surpâturage qui ne présageait rien de bon : le lichen avait été dévoré par les rennes et ceci, notèrent les naturalistes, laissait présager une catastrophe à venir.

Les rennes ne les écoutèrent pas. D'abord, contrairement aux animaux des fables, les rennes ne parlent pas. Ils continuèrent de manger et de se multiplier. En 1963, on en dénombra 6 000 têtes sur l'île Saint-Matthieu. Et puis vint l'hiver. Celui de 1963-1964 fut un des plus rudes que la région ait jamais connus depuis qu'on y mesure la température. Lorsque, le 14 août 1965, les gardes-côtes remirent le pied sur l'île, elle était vide, seul un petit troupeau de 40 animaux était encore en vie, dont un seul mâle. Tous les autres avaient disparu. Aujourd'hui il n'y a plus de rennes sur l'île Saint-Matthieu.

Le cas ne fait pas la règle. Beaucoup d'espèces animales trouvent leur équilibre. La population de rennes introduite en Géorgie du Sud, au milieu des "cinquantièmes hurlants" de l'océan Austral, s'est stabilisée autour des 4 000 têtes, avec une mortalité contrebalançant de façon régulière la natalité. Mais, à Saint-Matthieu, sans prédateur, sans rivalité entre les espèces, sans multiplicité des ressources alimentaires, nos rennes avaient découvert à leurs dépens que croire à l'infini des ressources est une terrible illusion.

Comme l'explique Jared Diamond dans son livre *Effondrement : comment les sociétés décident de leur disparition ou de leur survie*, la question du "dépassement" est essentielle dans l'histoire d'une civilisation. Une population qui franchirait le seuil au-delà duquel elle ne peut plus assurer le renouvellement de ses ressources s'expose inévitablement à son propre effondrement. Le biologiste et géographe américain s'appuie pour cela sur une étude minutieuse de l'histoire de sociétés humaines développées comme les Mayas ou les habitants de l'île de Pâques qui, faute d'avoir compris l'importance de l'environnement dans leur développement, finirent par disparaître purement et simplement.

Nous avons cru que nous étions différents des autres, nous avons cru que nos divinités étaient plus fortes, nos bras plus solides, nos esprits imbattables. Nous avons cru, péché mortel, que nous étions l'espèce élue. Pas le peuple élu, pas la race élue, non, bien mieux que ça : l'espèce élue ! C'est l'homme qui créa Dieu à son image, et non l'inverse. C'est un homme qui créa l'arche où il emmena tous les animaux pour les sauver du déluge. Plus fort que les lions, plus malin que les renards, plus organisé que les fourmis, plus bâtisseur que les castors, il était, tout au bout de la chaîne du vivant, l'objectif ultime de l'évolution. Juste avant l'ange. Il avait ainsi fini par oublier qu'il était mortel, en tant qu'individu, et en tant que civilisation.

Darwin n'a pas suffi. Même assis au bord du cimetière, nous croyons toujours en l'exception humaine. Comprendre d'une part que les espèces sont d'une façon ou d'une autre interreliées et que d'autre part l'homme n'est pas la finalité de la vie sur Terre est un immense cheminement de la conscience qu'il est difficile, même aux plus éclairés, d'entreprendre. Demandez à quelqu'un dans la rue s'il a le sentiment d'être apparenté aux grands singes. Il vous répondra à coup sûr : "oui" (oublions les obscurantistes de tous poils). Mais il vous dira dans la foulée qu'il en descend, qu'il en est l'évolution vers un mieux, comme s'il y avait là une sorte de dessein qui aboutit à l'homme, dernier maillon de l'évolution, le but de tout cela... L'anthropocentrisme est un sentiment extrêmement ancré dans notre esprit. Et que les longues parentés et les lentes mutations qui se sont opérées au fil des millénaires par le fruit du hasard et de la nécessité n'aboutissent pas nécessairement à cet être magique et merveilleux que nous sommes est tout simplement incongru pour la plupart des mortels. Après nous ? Le déluge.

“L’homme a maintenant acquis une telle domination sur le monde matériel et un tel pouvoir d’augmenter en nombre qu’il est probable que toute la surface de la Terre sera envahie par cette anomalie [l’homme], jusqu’à l’annihilation de chacune des belles et merveilleuses variétés d’êtres animés.” Ce n’est pas quelque irrédentiste écolo moderne qui écrit ces troublantes lignes, mais Charles Darwin lui-même au milieu du XIXe siècle. Il n’est d’ailleurs sans doute pas anodin que deux penseurs, Malthus et Darwin, qui marquèrent la révolution industrielle – cette rupture de civilisation –, reviennent au goût du jour ! Les mêmes questions se reposent aujourd’hui de la même façon qu’elles le furent hier, voire de manière plus aiguë encore. Pauvreté, malnutrition, crise des ressources... ce monde que l’on croyait maîtriser obéit d’un seul coup à des règles que nous ne connaissions pas. La fin d’un cycle ? Le début d’un nouveau ? Il est clair que nous allons en tout cas aujourd’hui comme alors vers l’inconnu.

Malthus est mort depuis quatre ans lorsque, en octobre 1838, Darwin s’assoit à sa table de travail, où il a entassé tout un tas de livres, et ouvre le fameux *Essai sur le principe de population* du premier professeur britannique d’économie politique. Pour “se distraire”, écrira-t-il bien plus tard dans son autobiographie. Il va y passer six jours. “Comme j’étais bien placé pour apprécier la lutte omniprésente pour l’existence, du fait de mes nombreuses observations sur les habitudes des animaux et des plantes, l’idée me vint tout à coup que, dans ces circonstances, les variations favorables auraient tendance à être préservées et les défavorables à être détruites. Il en résulterait la formation de nouvelles espèces. J’avais enfin trouvé une théorie sur laquelle travailler.” C’est en lisant Malthus que Darwin eut l’idée fondatrice de la sélection naturelle qui bâtit toute la théorie de l’évolution. C’est en regardant l’homme non pas comme le héros mais comme une simple pièce du grand puzzle de la nature que Darwin ainsi que Malthus comprirent que l’humilité face aux grands mouvements lents et chaotiques de la vie sur Terre devait être la base de toute théorie sur notre avenir.

Ironie du sort, Darwin fut sacré champion quand ce Malthus qui l'avait inspiré fut condamné par l'Histoire pour avoir oublié de payer son tribut au nouveau dieu, le progrès. Il est vrai que Malthus dessinait un constat terriblement noir et sans issue du genre humain, un constat difficilement acceptable par une société réclamant le bonheur pour tous. Il disait une phrase banale et insupportable : devant nous il y a un mur. Parlant certes du passé plus que de l'avenir, Charles Darwin offrait, lui, une possible échappée au destin : le monde ne meurt pas, il évolue.

Un jour de 1961, en Irlande, un chat un peu habile ramena dans ses griffes une fauvette à tête noire. Ce qui surprit ses maîtres, ce n'était pas qu'il sache attraper un oiseau, mais que cette fauvette soit là. L'animal avait en effet été bagué un peu plus tôt cette année-là à Linz, en Autriche. Ce passereau d'une dizaine de grammes peuple traditionnellement les plaines d'Europe centrale. Quand la bise arrive à l'automne, on peut voir sa silhouette fluette – quinze petits grammes tout habillé – franchir courageusement, seul et de nuit, les milliers de kilomètres qui le séparent de son refuge hivernal au-delà de la Méditerranée. Il y restera jusqu'à la mi-avril. A cette date son horloge interne lui signale qu'il est temps de rentrer. Sauf que, depuis quelques années, lorsqu'il rentre voici que les arbres, profitant des printemps précoces et chauds, ont déjà leurs feuilles, les chrysalides sont devenues papillons, et que la famine tristement le guette. Son horloge interne est juste, mais celle du monde alentour s'est décalée.

La fauvette perdue en Irlande ne raconte pas autre chose : s'adapter ou mourir. L'oiseau était le signe avant-coureur d'un mouvement beaucoup plus ample. Face au réchauffement, certaines fauvettes avaient découvert sur la façade atlantique et les îles Britanniques un temps suffisamment clément et un vol beaucoup moins long pour aller y passer l'hiver. Le mouvement n'a cessé dès lors de s'amplifier. Car quand revient l'heure de la nidation, elles sont plus rapidement de retour sur leurs terres. Premières arrivées, premières servies, les Anglaises raflent les meilleurs emplacements, sont moins éprouvées par le voyage, se reproduisent mieux. La sélection naturelle est en route...

Comment ces migrateurs nocturnes qui volent à 2 000 mètres de haut et se guident aux étoiles ont-ils ainsi pu changer leur route en si peu de temps ? L'équipe de Peter Berthold, au Max Planck Institute de Radolfzell, près du lac de Constance en Allemagne, a élevé en cage des oisillons dont les parents avaient hiberné en Angleterre. A l'heure de la migration, ceux-ci ont été placés au milieu des champs dans une boîte dont le couvercle en verre découvrait la nuit étoilée. Le sol était jonché de poudre noire. Au matin, toutes les empreintes allaient vers l'ouest : preuve que les fauvettes à tête noire avaient muté. L'information s'était inscrite dans leur patrimoine génétique. Ou plus certainement dans ce champ "épigénétique" qui intéresse de plus en plus les biologistes.

Il ne faut pas des siècles pour transformer le vivant. S'adapter ou mourir ?

La fin de l'homme, non. La fin de l'Anthropocène, oui. Le jour où le dernier puits de pétrole percé à grand renfort de dollars et de hautes technologies par 4 000 mètres de profondeur dans les fonds marins de l'arctique, jusqu'ici préservés par sa banquise et ses méchants ours polaires, aura été asséché, le jour où la dernière veine de charbon aura été saignée, où le dernier pipeline de gaz naturel aura été vidé, la fin des énergies fossiles tissera, nous le pensons, le linceul de ce qu'on appelle "la modernité". Ainsi le monde sortira – pas vraiment indemne – de cette période de transition violente et inédite que fut l'Anthropocène. Nous n'aurons plus à opter ou non pour la décroissance, elle sera inéluctable. Que se passera-t-il alors ? Aucun chaman inuit ne nous l'a dit, aucun savant visionnaire ne nous l'a expliqué. Nous n'avons aucune trace du futur dans les glaces. Pas plus de calendrier : combien de temps cet âge d'or/ âge de l'aveuglement qui est le nôtre durera-t-il ? La seule chose que nous puissions prévoir, c'est que la fin des énergies fossiles marquera l'entrée de notre planète dans une nouvelle époque que nous ne connaissons pas.

Les stratigraphes de demain pourront alors discuter avec ferveur du nom à donner à cette nouvelle ère : postanthropocène, nocène, apocalypsenowcène ? Le concours est lancé. Le fameux naturaliste d'Harvard, Edward O. Wilson, spécialiste des fourmis et des théories de l'évolution, qui crie depuis plus de

vingt-cinq ans à l'assassinat de la biodiversité dont il a le premier popularisé le terme, a déjà une proposition. Dans son dernier livre, *Creation*, il évoque ainsi bien plus qu'une nouvelle ère, un nouvel âge : l'Eremozoïc, du grec *eremo* – solitaire, désert. Quand, grâce à l'homme, la Terre aura vu enfin disparaître le dernier mammifère, lui y compris, alors le Cénozoïque, l'âge de "la nouvelle vie", qui vit la température de la Terre se refroidir, les continents prendre la place qu'on leur connaît et les mammifères devenir la forme de vie animale prépondérante, longue période qui englobe le Pléistocène, l'Holocène, et désormais l'Anthropocène, sera révolue.
Mais Wilson est un catastrophiste, et un naturaliste profondément déstabilisé de voir les espèces disparaître les unes après les autres... Nous, nous sommes des optimistes. Dans le brouhaha de nos salons (si nous ne vivons pas avec des masques à gaz dans des abris réoxygénés sous des vibro-aspirateurs de gaz carbonique mus par l'énergie d'une pile solaire à radiations ionisantes), nous osons espérer que les êtres de demain poseront, attendris, une pensée nostalgique sur l'Anthropocène, cette drôle de petite fenêtre dans l'histoire de la Terre, où l'homme a découvert les énergies fossiles, les a exploitées, consommées, brûlées, et entièrement épuisées, détruisant son atmosphère, ses océans, ses sols, et massacrant le vivant.
A quoi ressemblera le monde de demain ? Celui de cette nouvelle ère ? Enfanté du crépuscule, précédé de l'aurore magique des ciels inconnus, à quoi ressemblera ce nouveau jour ?

La nuit est tombée sur le fjord de l'Eternité. Le *Grigoryi Mikheev* a mis en panne. Depuis la lice arrière, Jan l'Anversois, chargé des approvisionnements et du bar, a jeté une ligne avec cinq hameçons dans l'eau noire. Deux minutes après, il remonte quatre beaux saumons et un autre, plus petit. Les eaux, ici, sont extrêmement giboyeuses. Il y a sur le visage du Flamand le sourire ravi et repu de celui qui a découvert un paradis connu de lui seul.

Autour de la grande falaise couverte de fientes, les cris des mouettes ont cessé. Quelques isolées continuent leur ballet aérien. A bord, on a servi le repas. Les cris des hommes. Les verres qui s'entrechoquent. Une arche de Noé. L'équipage est russe, argentin, flamand, danois ; les passagers sont français, et tous rient, ni des mêmes choses, ni dans la même langue, mais avec la même ardente volonté. Les craquements du glacier ne font plus frissonner personne. Il y a un temps pour l'effroi et un temps pour le bonheur. Sinon autant se jeter tout de suite dans l'eau noire pour nourrir les poissons. Ce n'est pas notre genre. Ce n'est pas le genre humain. Peut-être faut-il se battre pour vivre. Mais il faut d'abord vivre pour se battre.

Sur la petite table face à la fenêtre, le livre d'Edgar Morin, *Pour une politique de civilisation*, est resté ouvert à la page 50 : "Hölderlin disait que l'homme habite poétiquement la Terre. Il faut complexifier sa parole et dire : prosaïquement et poétiquement l'homme habite la Terre. La vie humaine est tissée de prose et de poésie. La vie prosaïque est faite de tâches pratiques, utilitaires, techniques, rationnelles, empiriques. La poésie – définie anthropologiquement et non plus seulement littérairement – est une façon de vivre dans la participation, l'amour, la jouissance, la ferveur, l'admiration, la communion, l'exaltation, le rite, la fête, l'ivresse, la danse, le chant, la musique, la liesse, et elle culmine en extase. L'état poétique est l'état «second» qui existentiellement est toujours premier." Et plus loin sur la page : "Nous avons vitalement besoin de prose, puisque les activités prosaïques nous font survivre. Mais aujourd'hui sur Terre, les humains passent la plus grande partie de leur temps soit à survivre, soit à vivre de façon machinale." L'œil court le long des lignes poursuivant cette belle pensée : il ne nous faut pas seulement survivre. Il nous faut vivre pleinement, profiter des amours silencieuses, des liesses et du chant des oiseaux. "... la politique n'a pas pour seule visée la «société industrielle évoluée», la société «post-industrielle», ou le «progrès technique». La politique de civilisation nécessite la pleine conscience des besoins poétiques de l'être humain."

Malgré l'ancre qui retient le navire immobile dans les eaux paisibles, les turbines dans la cale continuent de fonctionner et, sous les rayons de la lune, la grande cheminée laisse échapper une douce fumée noire, turbulente et grasse, qui s'éloigne dans le ciel en petites volutes sympathiques. Mille étoiles brillent et le froid, devenu intense à mesure que nous nous enfonçons dans la nuit, ne nous empêche pas de sortir sur le pont dès les premières aurores boréales annoncées au firmament. Qui n'a jamais connu ces instants magiques peut difficilement les imaginer. D'un seul coup, la Terre entière semble en suspension. Ne reste que le sifflement du vent balayant les montagnes. Et voici qu'au nord un ectoplasme vert pâle se faufile sur la nuit, tel un nuage dansant et taquin. Il n'a pas disparu qu'à l'est déjà un autre danse en retour. Et puis c'est juste là, au-dessus de nos têtes, beaucoup plus pâle et intense à la fois. Le grand bal des fantômes. Pendant plus d'une heure, ils apparaissent et s'évanouissent, lents et majestueux, laissant derrière eux comme un insondable message.

Les astronautes qu'on a envoyés tout là-haut les voient eux aussi. De grands ovales lumineux enrubannant les pôles magnétiques de cette petite boule qu'est notre Terre. Les aurores boréales sont produites par une pluie d'électrons dont l'énergie, très forte, vient exciter les atomes et molécules de l'atmosphère. Lorsque les atomes retrouvent des niveaux énergétiques inférieurs, ils émettent cet étonnant rayonnement. La lumière vert pâle provient des atomes d'oxygène ; la lumière rose, de l'azote.

C'est encore une fois grâce à l'Année géophysique internationale de 1957-1958 et au lancement des satellites américains Explorer 1 et 3 que l'on a compris la formation de ces aurores en montrant que les particules du vent solaire sont canalisées dans les régions polaires par les lignes de force du champ magnétique qui forme autour de la Terre une formidable protection. Or c'est là, sous ce bouclier, que nous vivons. C'est là que nous sommes nés : sous les aurores. Et cette vie qui s'y est développée ; ces océans, ces montagnes, ces villes qui s'y sont formées ; ces intelligences qui s'y sont exercées ; nous en sommes les dépositaires. Ce jardin d'Eden, nous en sommes les gardiens. Nous avons croqué les pommes ? Et alors ? Qui ne l'aurait pas fait ? Vous n'allez pas nous faire un procès, tout de même : il y a des précédents ! Mais ce faisant, il nous faut inventer un futur. Il ne s'agit pas seulement de savoir si nous trions bien nos déchets, mais comment nous imaginons ce monde qui nous vient. La crise climatique nous a tous fait prendre conscience d'une vérité qui était pourtant inscrite là sous nos yeux : nous vivons dans le confinement d'une petite planète perdue dans l'espace, une petite planète bleue où il faisait bon vivre. La nôtre.

Qu'on ne se méprenne point. Nous ne sommes ni lassés de cette Terre ni lassés de cette civilisation, nous en sommes les fruits, très exactement, avec chair, jus et pépins. Nous ne sommes ni fascinés par le monde d'antan ni branchés en intraveineuse sur Radio Nostalgie. Nous aimons ce monde que nous avons construit. En regard de ce que vécurent nos aïeux, oui, l'Anthropocène fut âge d'or : eau et gaz à tous les étages, machines à tout faire, de la couture au lavage, l'eau qui coule sur nos pores dans la chaleur du soir, luxe de la douche, mais nous avions oublié que c'était un luxe. Age de l'abondance : supermarchés remplis jusqu'à la gueule, shampooing au pamplemousse, café moulu, haricots verts surgelés, bons vins, gourmandise de l'os que l'on suce jusqu'à la moelle, mais nous avons oublié que c'était une gourmandise. Age de la raison : livres, cinéma, imprimerie, Internet, laboratoires scientifiques, école obligatoire, victoire du savoir, mais nous avons oublié que c'était une victoire. Age de la sécurité : antibiotiques, analgésiques, antihistaminiques, antispasmodiques, retraite à 60 ans, remboursement des médicaments, providence de la santé, mais nous avons oublié qu'elle était providence. Age de la mobilité : avion, ascenseur, tapis roulant, train, Paris-NewYork en six heures, Paris-Pékin en onze heures, l'Arctique à portée de main, luxe du transport, mais nous avons oublié de demander : "Combien ?" On ne peut pas dire : "Tout est bon à jeter", et envoyer le passé aux orties. Qu'on le voudrait, nous en serions incapables. Qu'on nous offre un billet pour le Groenland ou les îles du Pacifique, le baluchon est déjà fait, nous partons demain. Oui, nous l'aimons ce monde ! Oui, nous sommes bien ici ! Le serons-nous demain ?

Nous sommes heureux d'avoir vécu ce que nous avons vécu. Mais le bleu du ciel est un faux ami. Là où l'ozone se creuse, les rayons sont plus vifs mais le danger plus fort. L'eau transparente peut porter la diphtérie. Les sables accueillants peuvent engloutir les hommes. Et le médicament d'hier peut être le poison de demain. Sachant ce que nous avons vu dans les glaces du Groenland, dans les eaux du Pacifique, dans les sols de Bretagne, nous ne pouvons tout simplement plus laisser dire que tout va mieux dans le plus beau des mondes possibles. Nous aimons ce monde. Nous aimons y vivre. Chants de liesses et chants de larmes. Mais si nous sommes devenus notre meilleur ennemi, il nous incombe de le dire.

C'est dans le delta de l'Euphrate, en Mésopotamie, que naquit il y a quelque 6 000 ans la première grande civilisation urbaine : Sumer. Peuple de chasseurs-pasteurs, les Sumériens transformèrent les marais insalubres en champs harmonieux où ils développèrent la culture de l'épeautre, un blé rustique. Les populations se sédentarisèrent, puis développèrent sur des milliers d'hectares un système d'irrigation sophistiqué qui augmenta de façon importante la productivité de leurs terres. Ingénieux, organisés, c'est aux Sumériens que l'on doit l'origine de la première langue écrite. La victoire du savoir et de l'habileté humaine sur la sauvagerie… Las, au cours des siècles, un nouveau problème se posa à eux. Les eaux d'irrigation, en infiltrant la terre, firent petit à petit remonter à la surface les sels minéraux contenus dans la nappe phréatique, salinisant les champs et les rendant incultes. Les sols furent malades les premiers, puis les plantes, puis les animaux, et les hommes eux-mêmes, ne comprenant pas l'origine du mal auquel ils étaient confrontés, finirent par disparaître. Aujourd'hui, il ne reste dans cette région désormais désertique du Sud de l'Irak que les ruines oubliées de cette civilisation flamboyante.

Il y a deux façons de regarder l'histoire des Sumériens. En mettant l'accent comme Jared Diamond, dans son livre *Effondrement*, sur "le dépassement", sur la conclusion terrible de cette formidable épopée. Ou bien comme Arnold Toynbee en se concentrant sur la naissance de celle-ci. L'historien britannique qui présentait l'Histoire comme étant l'essor et la chute – successifs ou parallèles – de civilisations saluait chez les Sumériens l'extraordinaire habileté qui leur avait permis d'édifier un monde là où il n'y avait rien. Mais dans les deux cas, il s'agit d'un défi à relever, de réponses à trouver. Quand une civilisation arrive à relever un défi, expliquait l'historien britannique, elle croît. Dans le cas contraire, elle décline et disparaît. Jared Diamond ne dit pas autre chose et l'on est en droit aujourd'hui de se demander ce qu'il en est de la nôtre : car si nous avons désormais une idée assez précise de ce qui est notre défi, ce que nous ne savons pas, en revanche, c'est quelle sera notre réponse… "Les civilisations meurent par suicide, écrivait Arnold Toynbee. Non par meurtre."

Page suivante : A la fin de l'été, le retour des manchots empereurs qui, à l'inverse de toutes les espèces, choisissent le froid pour se reproduire.

LE SURSAUT

Où l'on comprend qu'envisager un monde nouveau nous oblige à la fois à la prudence et à l'action. Et où l'on espère en l'homme – cette force dotée à la fois d'intelligence, de capacité à travailler ensemble et de sagesse – pour explorer des chemins inconnus.

Car il faut bien à l'homme, finalement, agir. Et, face à la crise environnementale, agir dans l'urgence. Et agir tous ensemble. Seule l'union peut créer la dynamique suffisante pour apporter des remèdes à ces calamités… C'est collectivement que nous nous autodétruisons, c'est collectivement que nous pouvons construire une solution… Voici, ici et là, invoqués Winston Churchill ou Teddy Roosevelt pour montrer l'exemple d'une rébellion mondiale face à la catastrophe annoncée. Mobilisation générale ! Guerre à la mort ! C'est le paradigme Pearl Harbour, ou comment l'énorme bouleversement des consciences que le massacre provoqua chez les citoyens américains les fit basculer en quelques mois

d'une vie paisible à une économie de guerre, marchant comme un seul homme, faisant passer l'intérêt collectif avant les intérêts particuliers. Montrez-nous l'objectif, expliquez-nous comment faire, et nous prendrons les armes, disent les bonnes âmes. Mais quelles armes ? Et comment ? Certes, quelle que soit la solution, elle sera planétaire, commune, codirigée. Mais est-ce si simple ?
Les premiers nous aimerions pouvoir dire comme Al Gore dans *Une vérité qui dérange* : voici la solution, il suffit de vouloir. Sur l'écran géant de notre Power point, devant une salle acquise, nous montrerions comment, avec quelques mesures strictes, certes, mais efficaces, nous reviendrions à des taux convenables de pollution. Convenables ? Est-ce un mot, "convenable" ? Acceptables ? Pas trop effrayantes ? Pas encore tout à fait mortelles ? Durables ? Décroissées ? Nous voudrions penser qu'il suffira de construire des voitures propres, des usines propres, des pays sans CO_2, sans tabac, sans famine, sans rien, et tout ira pour le mieux dans le meilleur des mondes possibles. En conscience et en âme nous serions heureux. Mais le fait est que nous ne pouvons pas, avec l'aplomb tranquille et pédagogique de l'ex-futur président des Etats-Unis, empiler sur un schéma positiviste et compréhensible par un enfant de 7 ans les différentes mesures simples (dont l'innocent auditeur se demandera même pourquoi du coup on ne l'aura pas fait avant) qui rééquilibreront les teneurs de l'atmosphère en gaz à effet de serre et les espèces vivantes sur notre planète. Nous aimerions être ce berger ramenant au bercail les brebis égarées. Mais les choses ne sont malheureusement pas si simples qu'il suffise de les mentionner pour qu'elles disparaissent.
On nous reprochera notre pessimisme ? Le pessimisme peut être un frein, il est aussi une arme ; le catastrophisme peut être déprimant, il est aussi diablement efficace lorsque la mobilisation devient essentielle ; l'urgence peut engendrer les apprentis-sorciers, les décisions hâtives, mais elle oblige aussi à l'action, elle crée les conditions d'un bouleversement radical et profond de notre système de valeurs, de pensée, de société, elle pousse l'homme à se dépasser. Car l'homme a trois qualités qu'aucune autre espèce, *a fortiori* aucune autre force

géologique sur cette Terre, n'a jamais réunies : le savoir, le sens collectif et la sagesse. Ere de l'accélération, l'Anthropocène sera l'ère, nous l'avons dit, de l'obligation de sagesse, celle de la mise du savoir au service du bien commun de la planète et de l'humanité. Il n'y a pas d'alternative.

En 1991, après un sommeil de plus de cinq cents ans, un volcan des Philippines, le Pinatubo, se réveilla. Quelques fumerolles, tout d'abord, puis des secousses sismiques, des coulées de lave et enfin, le 15 juin, une formidable explosion... En début d'après-midi, ce jour-là, quand le gouffre se mit à cracher le ventre de la Terre, il se mit à tomber des trombes d'eau battues par les vents violents d'un typhon. Ejectées à plus de 40 kilomètres en altitude, les cendres plongèrent toute la région dans l'obscurité et se répandirent sur plus de 125 000 kilomètres carrés. On vit des blocs volcaniques tomber sur toute la partie méridionale de la mer de Chine et les cendres volèrent jusqu'au Viêtnam, au Cambodge et en Malaisie. L'éruption avait été si forte qu'elle provoqua l'année suivante une baisse de la température globale de la Terre de 0,5 °C... De quoi donner à réfléchir... C'est en basant ses modélisations scientifiques sur l'éruption du Pinatubo que Paul Crutzen proposa d'envoyer dans la stratosphère des milliards de particules pour faire redescendre de façon artificielle la température générale du globe en diminuant le rayonnement solaire. Tout ça pour un répit de deux ans et l'espoir d'engendrer ainsi un cercle vertueux qui nous permettrait peut-être d'échapper à la crise annoncée.

C'est ce qu'on appelle la géo-ingénierie. Le court article de Paul Crutzen qui, dans *Nature,* en 2002, fit office, comme nous l'avons vu, d'acte de naissance au nom "Anthropocène" était d'ailleurs en filigrane un appel à recourir à ce type de méthodes : "Une tâche impressionnante attend les scientifiques et les ingénieurs pour montrer à la société le chemin vers une gestion durable de l'environnement sous l'ère de l'Anthropocène. Cela nécessitera des comportements appropriés à tous les niveaux, et pourrait bien impliquer des projets de géo-ingénierie à grande échelle et internationalement acceptés, par exemple pour optimiser le climat." Le géochimiste raconte que c'est parce qu'il était désespéré de l'impossibilité des Etats et du genre humain à modifier leur trajectoire qu'il en était venu à cette proposition incroyable... et heureusement pas suivie d'effets. Car si le projet était sans doute génial, ses dommages collatéraux, ses retombées, ses conséquences pour la planète risquaient d'être probablement plus dangereux que réparateurs. A l'instar de l'odyssée d'Ulysse cherchant le chemin du retour, notre route vers le futur est parsemée de Charybde et de Scylla.

Paul Crutzen n'était d'ailleurs pas le premier à avoir eu l'idée de protéger la Terre des rayons du soleil. Père de la bombe H – celle de Nagasaki – au sein du projet Manhattan, Edward Teller avait ainsi conçu quelques années plus tôt un plan semblable baptisé "Projet Manhattan pour la planète". L'esprit ingénieux des ingénieurs n'aime rien tant que les défis qui permettent à l'homme de mesurer sa capacité à être plus grand qu'il ne l'est. Et tant pis si le Pinatubo, en dégageant ses millions de particules de soufre, causa un déficit d'ozone dans l'atmosphère.

Ainsi, pour remplacer la réflectivité naturelle de la Terre – l'albédo, qui renvoie environ 30 % du rayonnement solaire dans l'espace, et que la fonte des glaces a tendance à diminuer –, l'homme a-t-il imaginé de déployer des films réfléchissants dans les déserts, ou de faire flotter sur les océans de grandes îles de plastique blanc imitant les mers gelées... Le professeur américain Roger Angel a proposé d'envoyer dans l'espace des milliards d'écrans de 60 centimètres pesant chacun 1 gramme pour dévier une partie des rayons du soleil. Un bouclier spatial faisant appel à des techniques de science-fiction et conçu jusque dans ses moindre détails : transparence et inclinaisons des écrans, positionnement à 1,5 million de kilomètres de la Terre qui correspond aux "points de Lagrange", là où les forces d'attraction du Soleil et de son satellite se compensent, envoi

par canons magnétiques et moteurs ioniques... L'homme, maître non plus seulement de la Terre mais aussi du Soleil, de la Lune et des planètes.
Est-ce là donc tout ce que la science peut aujourd'hui proposer à l'humanité pour sortir de l'ornière ? Sommes-nous, nous, scientifiques, seulement capables d'être des apprentis sorciers ? Deux siècles d'Anthropocène ne nous ont-ils appris qu'à poursuivre toujours plus loin et de manière chaque jour plus hardie notre course en avant vers le grand saut ? N'avons-nous rien appris de l'expérience ?
Pour nettoyer l'atmosphère du CO_2, des chercheurs de Palo Alto, en Californie, proposent la construction de très hautes tours semblables à de gros climatiseurs. D'autres prônent de fertiliser l'océan en répandant du sulfate de fer pour faire proliférer un phytoplancton gourmand en gaz carbonique. Deux chercheurs canadiens, voyant dans le dérèglement du Gulf Stream un souci majeur, ont imaginé de créer une banquise artificielle. Après tout, l'homme ne vit-il pas aujourd'hui avec de faux reins, de faux membres, de faux tout ? Plus étonnant encore : au fin fond de la Sibérie, le scientifique Andréï Zimov prépare le plus sérieusement du monde un "Pléistocene park", capable d'accueillir les futurs mammouths dont les chercheurs américains préparent la résurrection grâce à des techniques de clonage et de manipulation génétique. Objectif déclaré de Zimov : recréer "la steppe à mammouth" qui, il y a quelques milliers d'années, recouvrait le permafrost – les sols gelés de Sibérie – dans lequel sont emprisonnées des quantités menaçantes de méthane. Alors que l'humide et fine toundra actuelle protège très mal ces épaisseurs englacées, la steppe à mammouth, nourrie des excréments riches du pachyderme, était autrefois – et serait demain –, dit-il, une protection diantrement plus efficace.
Vous souriez ? Vous avez tort. Notre arsenal est si faible pour lutter contre le réchauffement qu'on ne saurait moquer les efforts de ceux qui cherchent des solutions, qu'elles soient enfantées par les théoriciens d'un capitalisme reconverti dans la croissance verte ou le fruit du pragmatisme des pratiques alternatives. Voitures électriques, éoliennes, bus marchant à l'hydrogène, maisons passives

chauffées par l'apport naturel de ses habitants, capteurs solaires... On peut trouver rassurant de voir que nombreux sont ceux qui cherchent une solution. Scientifiques ou économistes, écologistes ou ingénieurs, grands de ce monde ou marginaux : les idées les plus obscures comme les plus futuristes... Freeman Dyson, immense physicien devant l'éternel mais superbe ignorant en climatologie, s'est révélé un acharné négationniste du réchauffement climatique. "L'intérêt d'imaginer l'avenir n'est pas de le prévoir mais de susciter des espoirs", déclarait-il au *New York Times*. Sur ce point nous lui donnons moralement raison. Qui sommes-nous pour dire qu'ils ont tort ou raison, ces drôles d'ingénieurs ? Pour combattre les idées qui naissent ? A chacun son sursaut. Tant qu'on remue, on vit.

Seulement voilà, la géo-ingénierie c'est aussi la tentation de la toute-puissance, l'offre absolue du grand déni planétaire. Une "science" d'avenir puisqu'elle promet de ne rien changer : l'homme sera toujours la plus intelligente des espèces, capable de trouver une solution à tout. Nos maisons seront toujours plus hautes et nos rêves plus fous. Ses artisans sont à l'avenir de la Terre ce que les gagnants du concours Lépine sont à l'avancée de la recherche : des Géo Trouvetou féconds et malins qui peuplent les laboratoires et les budgets et rassurent le genre humain sur sa pérennité. Dans un monde d'ingénieurs, la nature n'est rien d'autre qu'une péripétie ; le temps, un espace ; l'avenir, une équation à résoudre – certaines sont juste un peu plus ardues que d'autres. Nous avons bien conquis la Lune !

C'est en grande partie parce qu'ils se demandaient s'il serait possible de s'installer sur Mars pour y vivre que le 26 septembre 1991, dans le désert d'Arizona, près de la ville d'Oracle la bien nommée, quatre hommes et quatre femmes s'enfermèrent dans une immense serre, de 150 mètres de long et 110 de large, séparée du sol par une chape de béton épais, et de l'atmosphère par des vitres hermétiques. Dans ce lieu baptisé Biosphère II, les chercheurs avaient recréé un désert (de 1 400 mètres carrés), des marais, un mini-océan de 9 mètres de profondeur, une savane, une forêt tropicale, une zone de cultures...

et une atmosphère. Il s'agissait de retrouver artificiellement les équilibres naturels qui nous permettent de vivre sur Terre. De grands noms des sciences avaient été convoqués au chevet de ce mini-monde : le directeur des jardins botaniques de Londres, le spécialiste des milieux marins du Smithsonian Institute… Là encore, tout avait été calculé minutieusement. La réussite était acquise… Les huit scientifiques devaient rester deux ans sous la coupole de Biosphère II, en autarcie complète. Mais l'oxygène se mit à diminuer peu à peu dans l'atmosphère ainsi reproduite. Etait-ce la forme de la serre qui gênait la photosynthèse des plantes ? Etait-ce les microbes introduits dans la terre pour faciliter la croissance des végétaux qui transformaient l'oxygène en dioxyde de carbone ? Toujours est-il que bientôt les invertébrés et les insectes pollinisateurs moururent, et que certains membres de l'équipe tombèrent malades. Il fallut se résoudre à abandonner le navire biosphérique avant d'être asphyxiés et sans avoir même pu mesurer les limites psychologiques de l'homme face à un tel enfermement.

L'échec avait coûté 200 millions de dollars au milliardaire texan Edward Bass (l'homme aimait à investir dans des projets écologistes, sa fortune faite dans le pétrole), mais fut riche d'un enseignement : la vie sur Terre était bien une mystérieuse et précieuse alchimie dont il ne suffisait pas d'avoir les équations pour pouvoir la reproduire. Et par ricochet, cela rappela à tous qu'il nous fallait avant tout prendre grand soin de Biosphère I – la Terre –, tout simplement parce que nous n'avions nulle part ailleurs où vivre !

L'utopie ou la mort ? Las, la science ne nous garantit plus l'avenir. Même les techniques de capture et de séquestration sous terre du gaz carbonique qui attirent décideurs économiques et leaders politiques comme solution d'avenir sont encore des rêves d'ingénieur. L'idée en l'occurrence est d'aller prélever le dioxyde de carbone à la sortie des centrales thermiques ou des grosses unités de la sidérurgie et de la chimie, puis de l'enfouir à grande profondeur – suffisamment pour qu'à l'état liquide, il s'y stabilise pour des millions d'années. On utiliserait pour cela les gisements de pétrole et de gaz naturel, ou bien encore les veines abandonnées de mines de charbon. L'industrie pétrolière est d'autant plus intéressée que l'injection dans ses puits d'un gaz carbonique concentré à l'état liquide, aux pouvoirs solvants, pourrait permettre de récupérer le pétrole résiduel des gisements en perte de vitesse. D'une pierre, deux coups : réduction du gaz carbonique répandu dans l'atmosphère et accroissement de la rentabilité des puits. L'humain est incorrigible. La science au service de l'industrie ne rêve que d'une chose : ne pas trahir cette idée de progrès sur laquelle elle a bâti son succès depuis la révolution industrielle. Et pourtant, là encore, il est difficile de prévoir comment le gaz carbonique ainsi enterré réagirait. Peut-il, comme certains l'espèrent, se transformer en roches carbonates ou au contraire contaminera-t-il les eaux souterraines ? Quels sont les dangers collatéraux ? Une échappée brutale et massive de ce gaz plus lourd que l'air pourrait avoir des conséquences mortelles sur les populations environnantes...

Le soir du 21 août 1986, le lac Nyos, calme et enchanteur, dont les eaux occupent un cratère éteint au nord du Cameroun, fut ainsi d'un coup secoué par une violente éruption de gaz qui projeta l'eau à plus de 80 mètres en altitude. L'immense bulle de CO_2 ainsi libérée descendit les flancs de la montagne, asphyxiant, tel un fantôme assassin, toute vie à plus de 30 kilomètres à la ronde. 1 700 personnes furent tuées ce soir-là. Depuis, pour qu'un tel événement ne se reproduise pas, on rend petit à petit à la liberté, à l'aide d'un tuyau, les 300 millions de mètres cubes de gaz carbonique séquestrés naturellement au fond des eaux profondes du lac. Ici on enterre, là on extrait. L'homme marche à tâtons.

Disons-le clairement : nous ne croyons pas, nous ne croyons plus à la suprématie quasi mystique de la science, ce bras neuronal de l'homme, sur le destin. L'Anthropocène fut scellé par cet aveuglement. C'est le génie humain qui a produit le

frigidaire, la voiture, le téléphone... et la bombe atomique. Il ne s'agit pas ici de condamner une "mauvaise" science et de sanctifier une "bonne" science – ces typologies n'existent pas –, mais de rester humble. Aujourd'hui plus que jamais nous avons besoin à la fois d'imagination et de garde-fous.
Réunis en congrès à San Francisco fin mars 2010, 175 des plus grands spécialistes mondiaux de la géo-ingénierie ont, à la surprise générale, eux-mêmes conclu que même s'ils considèrent que pourraient naître de leur discipline des solutions capables d'"atténuer" le réchauffement climatique, ils reconnaissent "ne pas connaître suffisamment les risques associés à ces méthodes [...] pour assurer qu'il faille ou non les mettre en œuvre".
Le progrès, cette idéologie dans laquelle nous avons grandi et qui a fait de la science la mère de toute chose – la garantie d'un grand ordre planétaire, d'une organisation rationnelle des rapports sociaux –, est aujourd'hui taillé en pièces par cela même pour quoi elle a failli : les lendemains qui chantent. La science qui nous garantissait contre la peur est devenue source de peur. Elle se révèle ni si humaine ni si bienfaisante qu'on la pensait. Et cette fée fétichisée à laquelle l'humanité demandait hier des réponses à toutes ses questions se voit aujourd'hui réclamer des comptes. S'il est une démarche qui doit anticiper toutes les autres, c'est bien pour elle de réapprendre l'humilité.
Or l'humilité semble encore trop souvent pour la communauté scientifique un péché de renoncement. Il suffit de voir comment le principe de précaution "frein à la recherche, ennemi de l'acte créatif" se voit *urbi et orbi* voué aux gémonies. On nous affirme que si le savant devait s'inquiéter en permanence des conséquences de ses actes, il ne produirait plus rien. Mais c'est bien là une des leçons de l'Anthropocène : nous avons aujourd'hui assez de distance pour mesurer le poids de nos actes passés, nous qui avons inventé dans le même temps la vitesse et l'accident.
Mais les choses changent. Amusé, un philosophe des sciences du Muséum national d'histoire naturelle raconte comment – alors qu'autrefois ses collègues, insensibles à son rôle au sein de l'institution, mettaient régulièrement fin aux

discussions par un poli “Bon, ben maintenant je vais aller travailler” – ils cherchent aujourd’hui à comprendre, à réfléchir sur leur propre démarche. Le savant est sans cesse questionné sur son rôle, sur son approche, sur les réserves émises quant à son approche, sur les erreurs de jugement qui pourraient découler de ses à priori, sur ses conflits d’intérêts. Et l’on ne peut que s’en féliciter.
Parce que la posture du professeur cosinus drapé dans son rideau de science pour expliquer que la recherche est toujours bonne, objective, “simple élargissement du champ du possible”, et que c’est ce que les hommes en font qui peut être problématique ne tient plus la route à l’heure où les fondements mêmes de notre société sont de nouveau questionnés. Si vous inventez des voitures qui roulent à 200 km/h et que vous limitez la vitesse à 130, vous créez de la frustration et de la perversion. Trop facile ensuite de se dire chevalier blanc et de laisser les politiques faire la police.
Avec la question du réchauffement climatique, la science a renoué avec les grands débats qui secouèrent l’Europe aux XVIIIe et XIXe siècles. Comme autrefois la question de la “génération spontanée” ou les théories de l’évolution, le climat, en révélant l’Anthropocène, questionnent aujourd’hui la civilisation. Et parce qu’elle sort du champ de l’expertise ou des faits pour occuper l’espace public, la science décloisonne les frontières qu’elle a érigées il y a deux cents ans entre disciplines, entre matières, entre écoles. La philosophie, a-t-on coutume de dire, c’est ce qui restait lorsqu’on avait enlevé tout le reste – c’est-à-dire pour reprendre le classement d’Auguste Comte : les mathématiques, l’astronomie, la physique, la chimie, la biologie, et la sociologie. Aujourd’hui le débat mondial nous oblige à refaire la synthèse. La science redevient philosophie.
Venu des sciences de la Terre, le concept émergent d’Anthropocène envahit déjà le champ des économistes, des historiens, des sociologues. L’économiste Jeffrey Sachs, directeur de l’Institut de la Terre à Columbia University de New York, spécialiste de la pauvreté, conseiller du directeur général des Nations unies, maintes fois nommé par le *Times* comme l’une des cinquante personnalités les plus influentes, lui consacre un chapitre entier dans son dernier livre, *Common*

Wealth. Comment s'en étonner puisqu'il propose une autre vision globale des critères objectifs de l'histoire. Dipesh Chakrabarty, historien des civilisations à l'université de Chicago, n'écrit-il pas : "L'homme a toujours été considéré «comme un prisonnier du climat», comme le dit Crosby citant Braudel : il n'était pas concevable qu'il puisse faire le climat. Considérer les êtres humains comme des agents géologiques implique de revoir l'échelle selon laquelle nous imaginons l'humain." Cette prise de conscience, explique-t-il, remet en cause l'un des présupposés fondamentaux de la pensée politique occidentale : la séparation entre histoire de l'homme et histoire naturelle. "La liberté a été le motif le plus important des analyses de l'histoire humaine de ces deux cent cinquante dernières années. Bien sûr tous n'ont pas entendu la même chose par liberté. La conception de la liberté de Francis Fukuyama [néoconservateur ultralibéral] est assez radicalement différente de celle de Sen [théoricien altermondialiste] (...) mais jamais dans les débats concernant la liberté qui eurent lieu dans la période ouverte par les Lumières ne se manifesta la moindre conscience de la puissance d'agir géologique que les êtres humains étaient en train d'acquérir à ce moment-là à travers des processus étroitement liés à leur affranchissement. (...) Le temps géologique et la chronologie des histoires humaines n'étaient pas mis en rapport. C'est précisément la distance entre ces deux calendriers qui a désormais disparu."

C'est dans les salles de classe que se forment les philosophies futures. C'est dans les laboratoires que se rencontre, parfois – avec un peu de chance et beaucoup de travail –, la vérité. Mais c'est dans les champs de glace, au fond des océans et dans les entrailles de la Terre qu'il faut souvent aller chercher ce que la paillasse ne nous livrera pas toute seule. Nous ne savions pas en remontant des carottes de glace à Vostok ce que nous allions trouver. Et certainement pas la preuve que l'activité humaine était une cause essentielle du réchauffement climatique ! Pourtant c'est ce qui s'est passé.

La science redevient philosophie, mais la science reste avant tout une exploration. Et nous ne parlons pas uniquement des rares terres encore vierges de la Cordillère de Darwin en Terre de feu ou des failles abyssales du Pacifique, mais des chemins inconnus du futur. Si aujourd'hui, du haut de nos satellites, il n'est pas un kilomètre carré de cette planète qui nous soit étranger ; si la plupart des phénomènes géophysiques nous sont désormais compréhensibles ; nous voyageons pour autant plus que jamais en *terra incognita*. Et comme des explorateurs en quête d'un nouveau monde à inventer, nous sommes voués à l'aventure : parce que la civilisation que nous avons construite est un défi quotidien au temps ; parce que ses découvertes et son histoire ne sauraient être réduites à une linéarité déterministe ; parce que nous ne sommes pas la fin de toutes choses et ne fûmes jamais destinés à l'être.

Or l'exploration a ses règles et ses principes. Le premier étant d'accepter que ce qui *est* n'est pas forcément ce que l'on pensait *être*. Tout explorateur en terre inconnue le sait : il a le devoir d'accepter le soutien de la chance, la "serendipité", ce néologisme venu d'Amérique qui donne au "heureux hasard", à l'erreur, au tâtonnement tout son rôle dans l'invention et la découverte. Deuxième règle : un explorateur a pour devoir – question de survie pour lui-même, question de solidarité avec ses semblables – de marquer son chemin des repères de son expérience, des bornes du savoir qui montrent à la fois d'où l'on vient et où l'on est ; et peut-être, aussi parfois, avec un peu de prétention et beaucoup d'imagination, où l'on va.

La proposition d'introduire aujourd'hui une ère nouvelle dans l'échelle des temps géologiques n'est donc pas "un effet de manche", une opération de communication, un concept destiné à faire prendre conscience aux hommes de la fragilité de leur existence. Non, c'est une démarche de philosophe. Elle correspond à la nécessité d'offrir à toutes les disciplines un socle conceptuel commun pour définir une époque sans commune mesure avec une autre... C'est une démarche d'explorateur qui a besoin de repères pour établir ses objectifs, de base pour édifier ses expériences, de cartes pour marcher sur des chemins nouveaux. A quoi sert d'étudier le passé si nous n'essayons pas d'en tirer des indications pour le présent et des modèles pour le futur ?

La science stratigraphique est régie par des règles strictes qui visent à un consensus planétaire des spécialistes sur des questions aussi essentielles sur le fond qu'éloignées des soucis quotidiens du commun des mortels : quand se sont réellement éteints les dinosaures ? Faut-il faire commencer le Pléistocène il y a 1,8 million d'années ou 800 000 ans plus tôt avant le Gélasien ? Les spécialistes de ces questions le savent, il faut cinq à vingt ans pour faire évoluer les tableaux stratigraphiques. La notion d'Anthropocène a émergé il y a dix ans. Faire entrer le terme dans le dictionnaire officiel des géologues nécessite un congrès mondial. Mais pour que la question soit discutée à Brisbane en août 2012, il fallait qu'un groupe de travail soit préalablement créé au sein de l'Union internationale des sciences géologiques. Depuis novembre 2009, c'est chose faite. L'homme qui la préside, Jan Zalasiewicz, est professeur de géologie à Leicester et président de la commission de stratigraphie de la Royal Geological Society de Londres.
Il s'est attelé là à une tâche autant politique que scientifique : amender l'échelle des temps, c'est changer l'outil de travail des géologues pour qui la géostratigraphie correspond à des critères d'utilité dans la recherche et le classement. S'ils jugent que créer une nouvelle époque peut clarifier les choses, les aider dans leurs travaux et dans la logique générale de l'histoire de la planète, l'Anthropocène sera adopté, sinon, cela restera le terme informel que l'on commence à utiliser de plus en plus souvent dans les revues scientifiques et les colloques : un outil officieux mais nécessaire.
Les arguments contre l'adoption d'une nouvelle ère Anthropocène sont d'ailleurs aujourd'hui peu ou prou les mêmes que ceux que l'on opposait à la fin du XIXe siècle à la création de l'Holocène : une trop courte durée face à des périodes qui se comptabilisent en millions d'années, des accusations d'ethnocentrisme – l'homme n'est pas grand-chose dans l'histoire de cette planète pour quelqu'un qui réfléchit sur presque 5 milliards d'années –, et la difficulté à trouver des marqueurs purement géologiques... Mais même chez les puristes et les opposants, l'idée, pour être discutable, apparaît judicieuse du point de vue de la sensibilisation à l'urgence écologique.

A Leicester, Jan Zalasiewicz travaille sur les traces géologiques que l'homme laissera derrière lui lorsqu'il aura disparu. La vie moyenne des espèces qui ont peuplé la Terre est de 5 millions d'années. *Homo sapiens* n'y a vécu que 160 000 ans. Statistiquement, la fin de notre monde ne devrait donc pas être pour demain. Mais l'homme, dans sa conquête du bonheur, a inventé les armes de sa propre destruction : guerre nucléaire, dérèglement climatique, pandémie, tout peut arriver. Quelles traces laisserons-nous alors de notre passage sur Terre, quel béton armé traduira notre civilisation dans les strates géologiques ? Et, nœud gordien, quelle est la responsabilité morale d'une force géologique ?

Hans Jonas n'a pas attendu ni la guerre ni la chasse aux Juifs pour prendre conscience des dangers du nazisme. Elève de Heidegger et de Husserl, il a fui l'Allemagne dès 1933 pour l'Angleterre, avant de gagner la Palestine. Et dès le début de la guerre, il rejoindra l'armée britannique au sein d'une brigade juive avec laquelle il combattit les forces hitlériennes. Le philosophe est de ceux qui pensent qu'il vaut mieux prévenir que guérir, et combattre que subir. Face à ce qu'il appelle l'âge technologique, ce théologien publie en 1979 un livre qui fait toujours référence : *Le Principe responsabilité*. Impressionné par l'écologie politique et converti à sa "prophétie du malheur", il lui cherche une réponse éthique : que faire ? Pas un livre sur la question environnementale qui aujourd'hui ne le cite. Dans une "suprême obligation de conservation" face à "un destin qui nous dévisage depuis l'avenir", il incombe aux hommes, selon Hans Jonas, non seulement de définir comment ils peuvent vivre ensemble mais aussi "comment pouvons-nous vivre avec la nature ou comment la nature peut-elle subsister avec nous". Pour le philosophe, la science et les techniques que l'homme a développées sont non seulement un pouvoir mais, à proprement parler, une faculté qui nous est propre. Et nous sommes tenus de l'exercer. Le savoir, les connaissances nous obligent vis-à-vis de ce monde dans lequel nous vivons. Non tant parce que nous sommes responsables de ce qu'il est devenu, mais parce que nous sommes responsables de ce qu'il deviendra.

C'est donc collectivement, d'abord, que nous devrons nous battre. Les hommes de science savent combien la communauté de travail et la communauté d'intérêt sont des moteurs. Si les pôles de la Terre s'avérèrent des postes d'observation privilégiés, ce ne fut pas seulement pour lancer l'alerte sur les menaces. Les scientifiques y furent également aux premières loges pour observer ce que pouvait produire une véritable mobilisation internationale des Etats. Qu'il s'agisse du plomb répandu dans l'atmosphère ou du trou dans la couche d'ozone, ils purent y observer de près les efforts conjoints des nations pour répondre à ces menaces environnementales.

C'est dans les glaces du Groenland qu'une équipe de chercheurs californiens mit en évidence pour la première fois l'augmentation de plus en plus rapide des concentrations en plomb – avec des valeurs jusqu'à 200 fois supérieures à celles trouvées dans les glaces du début du XIXe siècle. On montra alors comment l'addition de plomb dans les essences pour améliorer le rendement du carburant était responsable de cette pollution atmosphérique. Des mesures portant sur la composition isotopique du plomb permirent même d'identifier les coupables de cette pollution : les voitures américaines étaient à l'origine des deux tiers du plomb présent dans les neiges du Groenland lors du pic des années 1970, alors que l'Europe en fut la source essentielle dans les années 1980. Sous la pression des écologistes, les pays industrialisés se convertirent alors à l'essence sans plomb. Et même s'il fallut attendre encore plusieurs décennies pour que nos "archives" glaciaires témoignent d'un retour à un air moins contaminé, cet aérosol à courte durée de vie fut ainsi lentement évacué de l'atmosphère.

La deuxième alerte venant des pôles fut plus violente encore. C'est en 1985 que l'on découvrit au-dessus de l'Antarctique, à la fin de la nuit polaire, un trou dans la couche d'ozone. Il faut deux atomes pour constituer l'oxygène que nous respirons. L'ozone en contient trois. Dans la haute atmosphère, là où ils sont encore suffisamment forts, les rayons ultraviolets attaquent et cassent les molécules d'oxygène, et une partie des atomes ainsi produits se recombine avec l'oxygène pour former cet ozone stratosphérique. Si elle était concentrée à la surface de la Terre, cette couche n'atteindrait guère plus de 3 millimètres d'épaisseur, mais pour peu volumineux qu'il soit, c'est cet ozone qui nous protège en absorbant les rayons ultraviolets du soleil. Sans lui, la vie sur Terre ne serait possible que dans les profondeurs des océans.

L'observation du trou au-dessus de l'Antarctique fut rapidement confirmée par celle d'un autre au-dessus de l'Arctique. Le branle-bas de combat fut déclenché, les cancers de la peau devinrent les vedettes des journaux et des congrès de dermatologie. Le coupable était déjà identifié : les chlorofluorocarbones (CFC), des gaz utilisés dans les vaporisateurs, dans le refroidissement des frigos, dans les systèmes de freinage des trains. Dès 1987, les Etats industrialisés allaient signer à Montréal un protocole sur la réduction drastique de leurs émissions. Les Américains, d'ordinaire si rétifs à toute réglementation qui pourrait les pénaliser économiquement, s'engagèrent les premiers. Les mauvaises langues diront qu'ils avaient déjà trouvé une alternative qui leur permettait de bouger sans pour autant inquiéter l'industrie... Mais lorsque vingt ans plus tard, en 2007, les signataires du traité (plusieurs fois amendé) se réunirent de nouveau à Montréal, ils purent constater que la mesure, bien appliquée, s'était avérée un remède efficace : la couche s'était renforcée. Le "trou" qui apparaissait comme une catastrophe majeure était sous contrôle.

Ainsi l'action collective paie. La négociation internationale concertée est même la seule solution face à des événements qui se moquent allègrement des frontières. Certes, on a découvert depuis que d'autres éléments chimiques déployés par l'homme, comme les émissions gazeuses des déchets agricoles, pouvaient s'avérer une menace pour l'ozone et que la question n'était pas totalement réglée... Et par ailleurs nous avons eu de la chance : les CFC étaient remplaçables par l'homme et le plomb était un aérosol de courte durée dont il fut facile de se débarrasser. La question du réchauffement climatique est autrement plus complexe avec un CO_2 dont la durée de vie dans l'atmosphère est de l'ordre du siècle. Il n'empêche : ces mobilisations, avec les résultats que l'on connaît, nous ont donné le droit inaliénable d'espérer. Elles racontent qu'une fois le diagnostic posé, la solution peut être trouvée si on en a la volonté politique.

La façon dont fut organisée la gouvernance de l'Antarctique pourrait ainsi servir de modèle. Le 1er décembre 1959, en pleine guerre froide, les douze puissances présentes sur le continent blanc signèrent en effet un traité pour préserver ces territoires-sanctuaires : "Article 1. Seules les activités pacifiques sont autorisées dans l'Antarctique. Sont interdites, entre autres, toutes mesures de caractère militaire telles que l'établissement de bases, la construction de fortifications, les manœuvres, ainsi que les essais d'armes de toutes sortes... Article 2. La liberté de la recherche scientifique dans l'Antarctique et la coopération à cette fin, telles qu'elles ont été pratiquées durant l'Année géophysique internationale, se poursuivront... Article 3. Les parties contractantes conviennent de procéder à l'échange de renseignements relatifs aux programmes scientifiques, afin d'assurer au maximum l'économie des moyens (...) à des échanges de personnel scientifique entre expéditions et stations (...), à la communication des observations et résultats obtenus..."

Pacte de non-agression ? Pas seulement. Faune et flore locales protégées, installations nucléaires et déchets radioactifs interdits : au-delà du 60 ° de latitude sud, le monde se retrouvait légiféré et uni sous un seul et même régime. Encore une fois, il s'agissait là de territoires hostiles, sans habitants-électeurs, à mille miles de toute terre habitée et, *a priori*, militairement peu stratégiques. Néanmoins le traité de l'Antarctique préfigurait ce qu'une communauté mondiale responsable de son environnement pourrait aujourd'hui réaliser si elle était réellement convaincue de sa nécessité.

Une seule question échappa à l'époque au traité : l'exploitation des ressources minérales. Les douze pays signataires ne parvinrent à se mettre d'accord que quarante ans plus tard, le 4 octobre 1991. Ce jour-là, à Madrid, fut enfin établi un "Protocole au traité de l'Antarctique relatif à la protection de l'environnement", faisant de ces 14 millions de kilomètres carrés une "réserve naturelle consacrée à la paix et à la science" et sur laquelle l'article 7 interdisait – et interdit toujours – toutes les activités liées à une possible exploitation des ressources minérales. En 1991, à l'heure où la raréfaction de ces ressources était en train d'aiguiser les appétits, voilà qui dans le silence des institutions montrait un véritable courage politique.

Michel Rocard, alors Premier ministre français, fut un "artisan clé" de cette décision. Ce qui explique sans doute pourquoi le chef de l'Etat a fait appel à lui en 2009 pour devenir ambassadeur des pôles. Un rôle dont on aurait tort de sourire. La disparition qui va s'accélérant de la banquise arctique pose en effet aujourd'hui le problème de l'exploitation des hydrocarbures contenus dans ces fonds marins ainsi libérés. Et l'on découvre une question qui ne s'était jamais posée jusqu'alors : à qui appartiennent ces régions ? Aux pays riverains (Canada, Etats-Unis, URSS, Norvège, Danemark...) qui ont toujours considéré ces territoires comme implicitement leurs, ou bien à tous au nom du droit international de la mer, comme la Chine, parmi d'autres, le soutient ?

Qu'il s'agisse de climat, d'écologie, d'agriculture, d'énergie, d'eau, tous les experts préconisent aujourd'hui des solutions globales. Les économistes de la FAO (Food & Agricultural Organisation) appellent à une gouvernance mondiale sous l'égide de l'Organisation mondiale du commerce et de la Banque mondiale parce qu'ils estiment que la planète – si elle était correctement gérée – pourrait nourrir les 9 milliards d'humains que les démographes nous prédisent pour 2030. Leur objectif : relancer les cultures vivrières et de céréales, rendre les pays du Sud autosuffisants, les débarrasser de la tutelle du Nord qui a imposé pendant des décennies des cultures d'exportation au détriment des populations locales. Exit les cultures de céréales destinées à la fabrication de biocarburants, et le coton intensif alimentant les braderies de tee-shirt : retour au manioc, à la production locale du riz, à ce qui permet aux hommes de vivre, sur place, chez eux, loin des rêves de puissance de l'Occident.

C'est à partir du moment où l'on comprend que tout est interconnecté, que l'atmosphère n'a pas de frontières, les virus de patrie, et les fonds marins de nationalité, qu'il apparaît comme une évidence qu'une politique volontariste est nécessaire pour lutter contre le dragon qui nous menace, qu'il est essentiel d'explorer toutes les pistes et d'utiliser tous les leviers et que ceci passe par une action au niveau mondial, concertée et démocratique.
Comment, vous demanderez-vous, est-il dès lors possible que le plomb, l'ozone ou la gouvernance de l'Antarctique ne soient que des épiphénomènes ! Et que le moindre traité, la moindre convention, le moindre accord, le moindre sommet entre grandes puissances sur la question globale de l'avenir de la planète puisse encore déboucher aujourd'hui sur une guerre de tranchée, sur des conflits d'intérêts ? Faut-il encore une fois ici dire notre déception face à l'impuissance du sommet de Copenhague ?
La science peut prouver que la planète est une et indivisible, mais elle ne peut prouver aux hommes qu'ils ont un intérêt commun. Les scientifiques peuvent mettre en équation les glaces de l'Antarctique et les essais nucléaires soviétiques en Sibérie, l'épuisement des puits de pétrole texans et la fonte des neiges éternelles sur le Kilimandjaro, les concentrations d'usines et les concentrations de dioxyde de carbone. Ce qu'ils ne peuvent prouver, en revanche, c'est la corrélation entre les souhaits d'un paysan assoiffé du Sahel et les désirs d'un trader de la City, entre les vœux d'un cycliste pékinois et les vues d'un militant écologiste américain parcourant dans son opulente voiture hybride les routes d'un parc national biodiversement conservé. La planète est une et indivisible, mais le réchauffement aura des impacts très différents suivant les régions du monde, suivant les classes sociales. La planète est une et indivisible, l'homme ne l'est pas. Qui sommes-nous pour parler au nom des Inuits, des Dogans de Sibérie et des Dogons d'Afrique noire, des Indiens d'Amazonie et de ceux du Pendjab, des tigres tamouls et des pirates de Somalie, des bergers pyrénéens... ou des émirs arabes qui régnaient hier sur un désert aride, aujourd'hui sur la manne pétrolière ? Comment réconcilier dans un même combat les damnés de la Terre et

les puissants de ce monde ? Et faire se dresser sous la même bannière – celle du bien commun de l'humanité – les illuminés de la foi en lutte spirituelle contre la modernité et les hérauts du laisser-faire incrédules face à la révélation insupportable que leur jardin d'Eden n'avait que la taille d'un jardin ouvrier ? Le traité de l'Antarctique, bien qu'aujourd'hui ratifié par quarante-sept pays, ne réunissait dans ses instances de décision que les pays suffisamment riches pour pouvoir organiser là-bas des expéditions, y monter des bases et y nourrir des ambitions. Les absents d'hier comme les Chinois et les Indiens s'y ruent aujourd'hui en quête de reconnaissance. Une attitude humaine et logique. Il y a de plus en plus de monde au grand banquet des superpuissances. Et comment imaginer que, dans une gouvernance mondiale, ce ne soient pas les puissants qui dominent ? Le genre humain est une espèce à la fois capable de construire des sociétés collectives et d'ériger la concurrence, la guerre et la prédation. Nous avons "vendu" un modèle de développement à toutes les autres cultures qui peuplaient la Terre, et nous voulons maintenant leur vendre un addendum : l'interdiction d'en goûter les fruits mais le devoir d'en nettoyer les traces... Pour pouvoir se battre ensemble, il faut d'abord comprendre que ce monde est notre bien commun. Mais comment faire comprendre à ceux qu'on a dépossédés de leurs biens que nous possédons un bien commun ?

En inventant une nouvelle façon de vivre ensemble ? En espérant avec Edgar Morin "une métamorphose" ? Face à l'accélération des crises du système – dissémination nucléaire, dérégulation du système économique, dégradation de la biosphère, retour des famines...–, le philosophe écrivait le 9 janvier 2010 dans *Le Monde* ce formidable texte : "Le probable est la désintégration. L'improbable mais possible est la métamorphose. Qu'est-ce qu'une métamorphose ? Nous en voyons d'innombrables exemples dans le règne animal. La chenille qui s'enferme dans une chrysalide commence alors un processus à la fois d'autodestruction et d'autoreconstruction, selon une organisation et une forme de papillon, autre que la chenille, tout en demeurant le même. (...) l'Histoire humaine a souvent changé de voie. Tout commence, toujours, par une innovation,

un nouveau message déviant, marginal, modeste, souvent invisible aux contemporains. Ainsi ont commencé les grandes religions : bouddhisme, christianisme, islam. Le capitalisme se développa en parasite des sociétés féodales pour finalement prendre son essor et, avec l'aide des royautés, les désintégrer.
La science moderne s'est formée à partir de quelques esprits déviants dispersés, Galilée, Bacon, Descartes, puis créa ses réseaux et ses associations, s'introduisit dans les universités au XIXe siècle, puis au XXe siècle dans les économies et les Etats pour devenir l'un des quatre puissants moteurs du vaisseau spatial Terre. Le socialisme est né dans quelques esprits autodidactes et marginalisés au XIXe siècle pour devenir une formidable force historique au XXe. Aujourd'hui, tout est à repenser. Tout est à recommencer.
Tout en fait a recommencé, mais sans qu'on le sache. Nous en sommes au stade de commencements, modestes, invisibles, marginaux, dispersés. Car il existe déjà, sur tous les continents, un bouillonnement créatif, une multitude d'initiatives locales, dans le sens de la régénération économique, ou sociale, ou politique, ou cognitive, ou éducationnelle, ou éthique, ou de la réforme de vie..."

ÉPILOGUE

A l'aube, sur la côte ouest du Groenland, le fjord de l'Eternité fut réveillé par un fracas de tonnerre. Les mouettes se mirent à crier, puis tout retourna au silence. Ce n'était là que le bruit habituel d'un énorme pan de glacier tombant à la verticale dans l'émeraude de l'eau. Sur le pont encore protégé du soleil par les flancs de la montagne, les hommes s'agitèrent. Fourmis insignifiantes au regard de l'immensité sauvage. Le capitaine fit lever l'ancre.

— "Le probable est la désintégration. L'improbable mais possible est la métamorphose…" Edgar Morin. A mi-chemin entre poétique et politique. Cela sied à ces lieux où souffle une perception d'infini. Comme une offre de sagesse.
— Pourquoi crois-tu, Laurent, que les gens attrapent le "virus" des pôles ? Pour cela exactement : ce sentiment d'être au point de liaison entre le formidablement lointain et l'extraordinairement proche, entre l'archaïsme et la modernité. Depuis cinquante ans que je voyage en Arctique ou en Antarctique, à chaque fois que j'y remets les pieds, j'éprouve le même sentiment, la même nécessité de retenir mon souffle.
— Et pourtant tout cela est aujourd'hui marqué au fer rouge de notre empreinte. Pas un coin de paradis qui ne nous échappe. Les gens montent aux

pôles en navire de croisière à propulsion nucléaire, ils traversent la planète en turbojets, sont joignables à tout moment quasiment n'importe où...

— La Terre se rétrécit, mais d'ici elle a l'air indomptable. C'est ce qui rend ces contrées magiques. Le rêve de la Terre vierge. Du premier jour du commencement.

— Alors que nous allons vers la fin ?

— Le sage ne croit pas à la fin. Mais il l'anticipe...

— Sage, toi ?

— Pas tous les jours... A l'impossible nul n'est tenu... En l'occurrence, à l'impossible ici nous sommes tenus. A l'instar de l'homme vieillissant qui se regarde avec surprise chaque matin dans la glace en se disant : "Mince, c'est passé si vite !", notre civilisation – celle qui se regarde dans le miroir ; pas l'autre, qui s'y refuse – sait maintenant qu'elle ne sera pas là pour toujours. La prise de conscience est faite. L'alarme a été donnée. Il suffit d'allumer la télé, d'écouter les enfants parler dans les cours de récréation pour comprendre que tout le monde mesure la gravité de la crise à venir...

— Et pourtant nous ne faisons rien.

— Nous faisons, nous faisons. Mais en silence. Les révolutions ne se font pas en un jour. Elles nécessitent un degré d'exaspération, de peur ou de colère pour pouvoir modifier les fondements de nos sociétés. Or le modèle occidental dans lequel nous vivons – qui est devenu un modèle universel – a mis sur un piédestal le pouvoir de l'argent face à celui de la sagesse. Il est difficile de se battre contre les intérêts catégoriels et les agendas à courte vue...

— ... Tu penses aux lobbies américains qui distribuent le kit anti-réchauffement climatique à tous ceux, économistes, pseudo-experts, scientifiques néopositivistes, voyant dans la clameur environnementale la menace d'un nouvel obscurantisme ? Je suis d'accord avec toi. Il n'est qu'à voir le soulagement de tout le monde, éditorialistes, commentateurs télé lorsqu'on leur a annoncé que le pire n'était pas forcément certain puisque le GIEC avait été pris la main dans le sac d'une faute dans son rapport. Ouf, nous pouvons reprendre nos voitures sans culpabiliser...

— En quelque sorte… Dans l'Anthropocène, les communicants ont pris le pouvoir. Or dans ce jeu, plus on a de moyens, plus il est aisé de manipuler l'opinion publique et de faire croire qu'il y a controverse là où toutes les équipes travaillant sur la question climatique de par le monde se révèlent pourtant fondamentalement en accord, avançant à petits pas, essayant de comprendre le grand désordre de l'univers. C'est pour cela qu'au crépuscule de ma carrière, j'utilise la notoriété que m'ont apportée mes récompenses et mes prix en tant que scientifique pour transmettre ce savoir qui désavoue les affirmations des lobbies climato-sceptiques.

— Feu sur le capitalisme ?

— Ce serait trop simple… Non, feu sur le cynisme et l'aveuglement. C'est malheureusement l'argent qui mène le monde, pas la raison. C'est le rêve énergétique, le règne d'un monde de vitesse, de puissance et de force qui l'emporte aujourd'hui sur la sagesse. Or il nous faudra bien choisir : l'ère qui s'ouvre devant nous sera-t-elle celle des fous ou celle de la raison ?

— Dans *Climate cover-up*, James Hoggan rapproche le résultat de différents sondages menés au Canada. On y découvre sans surprise que les gens ne font plus confiance aux discours des élites – gouvernants, entreprises, experts –, mais surtout, et plus étonnamment, que si seulement 5 % d'entre eux avouent ne pas se sentir concernés par le réchauffement climatique, ils sont plus de 50 % à penser que leurs voisins sont dans ce cas…

— Comment veux-tu que les gens bougent s'ils pensent qu'ils seront les seuls à bouger ? S'ils pensent que, de toute façon, c'est voué à l'échec parce que ni leurs élites ni leurs semblables ne se mettront eux-mêmes en mouvement ?

— Et la science ?

— Quoi, la science ?

— Peut-elle nous sauver ?

— Je le poserais ainsi : la science ne peut sans doute pas nous sauver… mais sans la science, il est peu probable que nous soyons sauvés.

— ?????

— Il faut bien comprendre que la science n'est pas la vérité de toutes choses, elle est sa quête. Précisément. Le fruit précieux de la curiosité et du hasard. A la station Charcot, en Antarctique, la vue se perdait dans un désert de glaces. Un non-lieu. Mais en étudiant ces terres déshéritées et inhospitalières nous découvrîmes qu'elles étaient une clef de voûte, le lieu où le passé et l'avenir se conjuguent en un présent instable dans le déséquilibre duquel il nous faut aujourd'hui composer : le climat, le niveau des océans, la température de la Terre.
— Scientifiques et communs des mortels : même combat ! Hier nous étions impatients de l'avenir. Aujourd'hui l'avenir nous fait peur...
— Les scientifiques *sont* des mortels.
— Oui, bien sûr, Claude, les immortels eux disparaissent à petit feu dans le silence des Panthéons et le brouhaha des académies savantes. Quant aux immortelles, elles ne fleurissent que les cimetières.
— Un peu de respect, monsieur, n'oubliez pas que vous parlez à un honorable membre de l'Académie des sciences ! Mais tu as raison : le monde appartient à ceux qui veulent le changer. A ceux qui ouvrent les portes et les fenêtres sans *a priori*, sans peur de se remettre en question. Pour être tout à fait honnête, pendant toutes ces années où je forais l'Antarctique, je n'ai pas vu venir l'Anthropocène. Je n'ai compris la vérité que lorsque j'ai eu le nez dessus, lorsque des carottes de glace a jailli l'indiscutable évidence. Et même alors... Elevés que nous étions dans la croyance de notre infaillibilité collective, nous n'avions pas vu ce qui se profilait. L'homme, principale force géologique ! Cette simple phrase est au regard de la science une chose énorme. Te rends-tu compte ? Cette petite chose vivante, cet assemblage de molécules qui pense, qui rit et qui danse, qui meurt quand un caillou lui tombe sur la tête, est plus puissante que la montagne qui le surplombe.
— Mais n'est-ce pas là, Claude, un immense paradoxe : nous dénonçons ici le rêve de toute-puissance de l'homme et dans le même temps nous semblons dire que nous sommes plus grands que la nature ? C'est Prométhée délivré de ses chaînes que tu nous racontes...

— Ne confondons pas tout : nous ne sommes pas plus grands que la nature et même nous obéissons à ses lois, mais l'humain en est aujourd'hui le maillon le plus sensible et une sorte de clef de voûte. A la différence de Prométhée, nous ne sommes pas impuissants devant les dieux, nous semblons impuissants devant notre propre puissance. Il a fallu un demi-million d'années pour passer de la découverte du feu aux armes à feu. Six cents ans ont suffi pour passer des armes à feu au feu nucléaire, et il y a aujourd'hui une probabilité beaucoup plus grande que notre civilisation soit détruite par celui-ci que par une météorite…
— C'est cela le sens de l'Anthropocène ? Tu penses que le fait de nommer le changement d'ère nous oblige à changer notre regard ?
— Evidemment. La seule question qui se pose désormais à nous, c'est : que voulons-nous faire de ce monde dont nous sommes devenus dans le même temps les fossoyeurs et les gardiens ?
— Les gardiens *parce que* les fossoyeurs.
— … Nous avons tous le pouvoir de réagir ou de nous taire ; d'agir ou de ne rien faire. Le tout est de bien comprendre ce après quoi nous courons. Une société ivre de vitesse et de puissance ? Ou bien un monde qui satisfasse dans la durée aux besoins de chacun et au bien-être de tous ? Si nous sommes, nous humains, assez puissants pour modifier la géologie de la planète, nous devrions être assez forts pour en analyser les risques qui en découlent, et – sauf à s'autosacrifier sur l'autel du progrès – en déduire la nécessité des modifications en profondeur de nos comportements et de nos modèles de gouvernance.
— Tu dis qu'il faut faire confiance à la chance. Mais avoir de la chance, c'est une chose, savoir la rencontrer en est une autre…
— Dans la vie, si tu regardes quelque chose qui a fonctionné, tu te rends compte que c'est pratiquement toujours parce qu'on a modifié la donne d'une manière ou d'une autre. Or, au fil des années, j'ai réalisé que ce qui pouvait le plus bousculer la donne dans la vie, c'était l'amitié, celle qui se fonde sur une solidarité et le partage d'aspirations communes. Tous les aventuriers, les explorateurs le savent : sur le terrain, face au danger, face à la vérité des chiffres et des relevés,

face à la nature – nous-mêmes ici –, les ego s'estompent, les conflits d'intérêts s'effacent. L'Anthropocène – ère de la mondialisation des échanges, de la globalisation culturelle, de la crise environnementale planétaire – nous oblige non seulement à repenser l'histoire, à reconsidérer nos modèles économiques, mais également à réapprendre à vivre ensemble.

— L'amitié, c'est ce qui rendra le pari possible ?

— C'est une condition nécessaire. Comme le raconte le sondage dont tu parlais tout à l'heure. Nous avons besoin de confiance. De compter les uns sur les autres. Nous avons besoin de redéfinir notre contrat planétaire en comprenant que nous sommes tous dans le même bain. Je trouve assez symbolique que la preuve du lien entre gaz carbonique et température soit ainsi venue d'une coopération internationale dans un lieu sans patrie. Logistique américaine, forages russes, laboratoires français : Vostok fut une histoire d'amitié autant qu'une révélation scientifique.

— Tu crois aux miracles ?

— Non... Je crois aux imprévus et à l'imprévisible. Je vais te raconter une histoire : Cela se passe encore en Antarctique, en 1957, à la Station Charcot. Au bout de dix mois d'hivernage le Soleil avait repris sa course au-dessus des glaces, lorsqu'un matin, un oiseau, venu du bout du monde, se posa sur le grand mât de mesures que nous avions réussi à remettre sur pied. Un pétrel des neiges, une sorte d'hirondelle toute blanche. L'oiseau n'avait aucune raison d'être là. Il n'annonçait aucune bonne nouvelle, n'était porteur d'aucun message, d'aucune information sur l'avenir. Il était juste là. Et il était perdu. L'oiseau, qui aurait sans doute aimé qu'on le réchauffât un peu, nous réchauffa à nous le cœur. Il était la vie dans ce grand désert silencieux. Il resta quelques jours et puis il disparut.

— Que dit ta parabole ? Que la vie est là où on ne l'attend pas ?

— ... Que rien n'est écrit... et cela devrait suffire à nous rendre heureux. On croit savoir ; on découvre sans fin. On croit apprendre ; il y a tant de choses à côté desquelles nous passons.

— Se pourrait-il qu'il y ait devant nous un futur dont nous ignorons tout ?

— Par essence nous ignorons le futur, et à vrai dire il y a tant de variables à prendre en compte quand on construit un modèle scientifique que personne n'est en mesure de certifier à cent pour cent à quoi demain ressemblera. Ni quand ce basculement aura lieu. Nous savons juste – grâce à nos connaissances des processus chimiques comme des rétroactions aux effets amplificateurs – que cette bascule viendra inévitablement.

— Ni produit miracle, ni répare-réchauffement, ni stop-Anthropocène ?

— Précisément non, juste l'impérieuse nécessité de ne pas baisser les bras, de ne pas refuser de chercher, d'aller là où on ne sait pas... De croire au sursaut plus qu'au sursis.

— C'est cela la sagesse ?

— ...

— Ça y est, Claude, nous partons. Regarde : voici la haute mer.

— Oui, il y a du vent, on ressent déjà le mouvement de la houle. Bientôt nous serons pris dans la vague des pôles. Fêtons ça !

— J'ai monté du whisky. Pur malt. Pas le meilleur, mais j'ai encore dans ma carrée des glaçons du glacier, spécial 100 000 ans d'âge...

— Mieux vaut en profiter tant qu'il en reste !

— A quoi buvons-nous ?

— A la santé du vieux monde. Qu'il en naisse un meilleur... Parce que si j'accepte d'être une virgule sur le fil du temps, crois bien que je refuse d'en être le point final.

Grenoble, le 16 septembre 2010

LA FORCE DE L'AMITIÉ A SAUVÉ L'ANTARCTIQUE

POSTFACE DE MICHEL ROCARD, AMBASSADEUR POUR LES PÔLES, DÉPUTÉ EUROPÉEN, ANCIEN PREMIER MINISTRE

Au cours de sa carrière, Claude Lorius a été attiré par les hautes latitudes, le désert des glaces, royaume des pétrels des neiges et des manchots empereurs. L'étude des carottes de glace l'a mené à prendre conscience des risques que le réchauffement climatique fait courir à l'humanité. De ses recherches aux Pôles, Claude Lorius et bien d'autres estiment que la planète est entrée dans une nouvelle ère, "l'Anthropocène", où les humains ont pris le contrôle de l'environnement dont la sauvegarde est dès lors un défi majeur et urgent lancé à la communauté internationale.

En 1984, Claude Lorius dirige l'expédition mythique à Vostok. Mythique pour deux raisons : la première, parce qu'elle va permettre de reconstruire le climat de la Terre et la composition de l'atmosphère sur une période de 160 000 ans. Et que va en découler une affirmation révolutionnaire : à travers le taux de CO2 enregistré dans les glaces, Claude Lorius et son équipe déduisent que "la planète devrait sensiblement se réchauffer au cours du XXIe siècle, au risque d'affecter les ressources en eau, l'agriculture, la santé, la biodiversité et, d'une façon générale, les conditions de vie des humains..." Si ces propos et la reconnaissance du réchauffement climatique sont couramment admis aujourd'hui, à cette époque, c'était une véritable avancée.

La deuxième raison qui rend l'expédition de Vostok mythique, c'est la collaboration française, américaine et soviétique en période de guerre froide. En effet, comme le raconte ce livre, même si l'Antarctique est reconnu continent international, la mise en commun des moyens logistiques, dont certains assurés par les militaires, était une première pour la réalisation des campagnes. Et ceci rend pour moi ce *Voyage dans l'Anthropocène* essentiel.

Car l'une des grandes découvertes politiques au cours de ma vie, c'est que les relations interpersonnelles sont infiniment plus importantes que ce que l'on croit, les subtilités des dossiers sont un facteur second ; la confiance est un facteur absolument majeur.

L'Antarctique a ainsi surgi dans ma vie d'abord à travers une histoire d'amitié. J'ai obtenu au cours de ma carrière de ministre de l'Agriculture puis en tant que Premier ministre sur le dossier de la Nouvelle-Calédonie, celle de Robert Hawke, mon homologue australien. En juin 1989, Robert Hawke est invité en France en visite d'Etat. Tout va se passer à l'Elysée, y compris le dîner d'apparat : robes longues, cravates noires, quatre cents couverts... Cependant, la France ayant aussi un bonhomme appelé Premier ministre, j'ai la petite monnaie de la pièce : un déjeuner de travail à Matignon et une unique réunion. Nous voilà donc ensemble le 17 juin 1989, à 11 heures du matin, le Premier ministre d'Australie et moi-même. A l'ordre du jour, la recherche et la coopération scientifique, quelques contentieux commerciaux. Je retrouve un pote, mais personne ne sait à quel point on était devenus copains et complices. Je découvre là une nouvelle loi sociologique : dans ce genre de réunion, le travail a été préparé à l'avance et ce qu'on peut se dire est calibré. Et ce petit monde autour de moi, les ministres mais surtout l'employé de l'Elysée, et puis même mes propres conseillers, se comporte comme des commissaires politiques. On ne sort pas des rails tracés à l'avance. Il en va de même pour mon partenaire australien. Et donc, il ne se passe rien.

Il fait un temps extraordinaire. Le ciel est bleu, magnifique. Le parc de Matignon est le plus beau de Paris, c'est bien connu. Même Mitterrand en était jaloux. Après le déjeuner, j'offre le café à mon copain. J'avais plein de sujets à évoquer avec lui. Mais celui-ci me coupe la parole et me dit :

— Michel, il faut que je te parle de l'Antarctique.

— Ecoute, Bob, il s'est noué entre nous une confiance et une amitié assez rares à nos âges. Nous avons certes découvert que nous avons les neurones faits pareil et le même sens du monde. Mais j'ai plein ma hotte de trucs à évoquer avec toi, le nucléaire, nos conflits commerciaux, et toi, tu viens m'ennuyer avec les manchots.
— Michel, fous-moi la paix, me répond-il, écoute-moi un peu. Tu n'y connais rien et tu as bien tort. Je t'explique.
Que m'explique-t-il ? Que nos deux gouvernements ont signé par inadvertance ou esprit de routine un texte qui allait aboutir à autoriser l'exploitation des matières premières et minérales en Antarctique. A l'époque, je savais à peine ce qu'était l'effet de serre.
— Il ne faut pas permettre l'exploitation pétrolière dans l'Antarctique, insiste-t-il.
— Ah bon, tu crois, est-ce possible ?
— J'espère bien que c'est possible.
Sur ce sujet, je sais peu de choses, mais je suis le seul vrai écologiste qu'il y ait eu au parti socialiste pendant très longtemps. Je me dis très vite qu'il a raison, mais si je lui donne raison, techniquement, le travail va consister à faire marcher les diplomaties. Or, mon ministre des Affaires étrangères est non seulement mon ennemi intime, le meilleur des contrôleurs politiques de Mitterrand sur mon dos. Il s'appelle Roland Dumas, mais en plus, il s'est permis de faire une sortie épouvantable contre les écologistes, en se plaignant de voir la politique envahie par des prophètes barbus compliquant le jeu déjà difficile de la realpolitik.
Il me vient une idée diabolique. C'est un coup d'Etat, ça. Je dis à Hawke :
"Ecoute, si nous avons des morts voisins dans beaucoup de cimetières, nous n'avons jamais fait quoi que ce soit historiquement ensemble. Il n'y a jamais eu un acte commun franco-australien. On pourrait faire le premier en écrivant ici que nous prenons la décision de ne pas soumettre à ratification le texte."
Il me regarde en se marrant et me dit :
— Tu ferais ça ?
— Oui, je ferais ça, bien entendu.

Nous faisons venir sur la pelouse de Matignon une secrétaire, qui écrit deux fois cinq lignes, en anglais et en français, pour dire qu'on ne soumettra pas à ratification ce texte-là parce que toute exploitation pétrolière en Antarctique est dangereuse localement, internationalement. Comme ça, dans le parc, en une demi-heure, le temps de rédiger, de faire taper... Quand on a le truc officiel, Hawke sort son stylo et signe. Et puis il me le tend pour que je signe.
— Ecoute, Bob, lui dis-je, il y a un petit problème, c'est que toi, tu es ton propre chef, mais ce n'est pas mon cas. Il te faut la signature du président de la République française. Il faut donc que tu le voies. Tu vas bien le revoir encore ?
— Ah, oui, tiens, il faut se dépêcher, j'ai rendez-vous avec lui à 16 heures, là, maintenant.
— Je vais monter dans ta voiture.

J'arrive dans la voiture de Bob Hawke à l'Elysée. Le Président attend debout sur le perron. Je suis accueilli d'un : "Qu'est-ce que vous faites là ?"
— Monsieur le Président, on voudrait vous proposer quelque chose.
— Mais le protocole ne l'avait pas prévu.
— Monsieur le Président, justement, c'est bien pour ça. Il m'a semblé que, pour que Bob Hawke vous explique de quoi il s'agit, je pourrais servir d'interprète et vous dire ce que nous avons à dire...
Mitterrand est furieux. Il considère que j'ai outrageusement marché sur ses platebandes mais Hawke est là, debout, et il y a naturellement trente caméras, notamment celles de la télévision australienne. Il ne peut pas faire d'incident. Alors, il bougonne puis nous dit : "Montez." Les huissiers ouvrent les portes. Nous voilà tous les trois dans son bureau. Il s'assied à sa table, nous laisse tous les deux debout, prend quatre, cinq, six interminables minutes à relire notre papier dans tous les sens. Hawke est debout. C'est une insulte. Mitterrand a remplacé un "car" par un "parce que" ou le contraire, enfin, je ne sais plus mais nous avons les mots et la plume du Président dans le communiqué. Le texte est retapé. Il signe. Je les laisse à leur tête-à-tête et déguerpis non sans avoir prévenu l'AFP depuis l'Elysée. Je ne

sais si Mitterrand m'a jamais pardonné, parce que c'était en violation de toutes les procédures connues puisque je court-circuitais aussi son homme dans mon gouvernement.

Toute cette aventure vient d'un type incompétent – je n'ai pas de connaissances là-dessus – et qui a fait confiance à un étranger. Le résultat est complètement foudroyant. Il n'aura pas fallu trois semaines pour que toute l'Europe se rallie. Mais nous avons encore besoin de l'avis des Etats-Unis. J'apprends que Baker fait une escale de 1h30 à Paris et qu'il va passer voir Roland Dumas. Je me précipite sans y être invité au ministère des Affaires étrangères. Je pénètre pas tout à fait de force, mais pas loin. Je suis le Premier ministre en exercice quand même ! Et j'apostrophe Baker en lui disant que c'est bien les élections, mais que cela fait six mois que nous attendons une réponse. Je prends en retour une avoinée comme rarement j'en ai reçu aux cris de "Vous êtes fous, vous autres, les Européens ! Nous sommes 6 milliards d'hommes, on va être 9 milliards dans moins de quarante ans, nous allons manquer de ressources minérales, alimentaires, de ressources de toutes natures partout, et vous voulez geler l'utilisation de ressources probablement immenses là où il en reste. Il n'y a plus que l'Antarctique qui soit encore vierge. Il faut vous reprendre, les Européens, vous êtes complètement cinglés." Je repars, catastrophé.
Je ne sais plus quoi faire. J'ai alors une idée complètement diabolique. Je savais que le Français le plus populaire aux Etats-Unis s'appelait Jacques-Yves Cousteau. Un mauvais caractère, un type assez désagréable, qui avait une réputation bien établie de ne jamais avoir travaillé pour la puissance publique et de refuser de le faire. Je le convie quand même à Matignon et j'ai une gueule ainsi faite qu'il accepte mon invitation. Je lui raconte : "Vous n'aimez pas travailler pour l'Etat et vous l'avez souvent dit dans des conditions presque impolies, mais oublions. Je vous paye une mission d'Etat de trois mois aux Etats-Unis sous la condition que vous décrochiez trente-cinq ou quarante audiences de sénateurs et que vous projetiez *Le Monde du silence* cinquante fois partout avec débats à l'appui." Il se marre et accepte.

L'ambassade de France monte une cellule spécialisée qui pointe les audiences et nous télégraphie chaque fois qu'un sénateur nouveau se rallie. Et puis un beau jour, on est arrivé à cinquante-deux sénateurs. La négociation s'ouvrira au printemps 1990 et battra un record de brièveté. Elle s'est conclue par un traité de Madrid qui vaut troisième protocole pour l'Antarctique, le premier, l'autre était mort, et qui déclare l'Antarctique "Terre de science, réserve naturelle, patrimoine de l'humanité, intouchable, interdit à toute activité humaine autre que le tourisme ou la recherche, donc interdit de toute activité productrice de calories". C'est le triomphe.

L'équation de la vie politique internationale est la suivante. Monde entier : toutes les relations internationales sont faites de méfiance. Monde entier : les diplomates et les généraux sont là pour empêcher les gouvernements de prendre des risques et pour consolider la sécurité de chacun devant la méfiance de tous les autres. On ne sort de là, à mon avis, que par effraction.

Le traité sur l'Antarctique date de 1959, une année pendant laquelle le nombre des fusées transcontinentales, aussi bien russes qu'américaines, augmente de trois cents ou quatre cents. Leur portée est suffisante pour tuer chez l'autre une centaine de millions de concitoyens. Tous les états-majors civils et militaires réfléchissent à la guerre fatale et personne n'imagine qu'elle soit évitable. Or, c'est en 1959 que les présidents américain et russe Eisenhower et Khrouchtchev signent le traité qui démilitarise le continent antarctique, et délimite, enregistre et reconnaît les revendications territoriales à sept nations parmi lesquelles il n'y a ni les Etats-Unis ni l'Union soviétique. Le texte enregistre les zones, les déclare valides. A l'article 4, il en interdit la matérialisation. Pas de barbelés, pas de guichets, pas de passeports. La surveillance de l'application du traité, et par conséquent la gestion de l'Antarctique, est assurée par le Secrétariat permanent du traité. A l'article 5, il crée une obligation de coopération internationale en cas de difficulté pour une expédition scientifique. En pleine guerre froide.

J'ai un peu cherché. On n'a pas trouvé de travaux diplomatiques préparatoires. Il semble bien que les services n'ont pas mouliné de la dépêche pendant un an et demi, comme le veut l'usage. Mon hypothèse, et la contre-épreuve est difficile, c'est qu'il s'est passé entre les deux chefs d'Etat, deux grands hommes de paix, quelque chose qui ressemble à ce qui s'est passé trente ans plus tard entre Bob Hawke et moi.

A travers toutes ses aventures, Claude Lorius, que j'ai décoré du titre de commandeur de la Légion d'honneur, au large – là encore – des côtes du Groenland, a, lui aussi, montré l'importance à la fois de la coopération internationale du point de vue scientifique et de la nécessité de sanctuariser une région stratégique du point de vue écologique mondial. Dans son ouvrage, il nous invite au sursaut...
Que l'humanité ose protéger l'Arctique comme elle l'a fait pour l'Antarctique !
Que l'humanité devienne courageuse ! Nous sommes dans l'Anthropocène. Nous devons nous battre.

MICHEL ROCARD

DIX GRAPHIQUES POUR MIEUX COMPRENDRE

Le 1er octobre 1987, la revue *Nature* publie l'ensemble des résultats obtenus à la station Vostok. Nous avions reconstruit pour la première fois l'histoire du climat sur 160 000 ans et établi la corrélation entre température et gaz à effet de serre qui allait permettre par la suite de mieux comprendre la crise à laquelle la planète est aujourd'hui confrontée. Effet de serre ? Carottes de glace ? Pour ceux qui ont parfois l'impression de se perdre dans les termes scientifiques, petit retour, documents à l'appui, sur quelques fondamentaux.

A 160,000-YEAR RECORD OF ATMOSPHERIC CO_2 AND CLIMATE

1 – En Antarctique, l'exploration des glaces nous mène à celle du climat

quelques-uns de nos repères sur ce continent de plus de 12 millions de km²

1. **Base Amundsen-Scott** (USA). Base de travail et d'acclimatation située au pôle sud géographique.

2. **Base Dumont D'Urville** (France) implantée depuis plus de cinquante ans sur le continent blanc.

3. **Station Charcot** (hivernage historique de 1957).

4. **Base Mc Murdo** (USA). C'est d'ici que nous partirons en raid avec les Américains en 1959.

5. **Dôme C** L'épaisseur de la glace nous conduit en 1977 à choisir cet endroit pour forer. C'est là que, pour la première fois, nous enregistrons grâce à notre thermomètre isotopique les températures des temps anciens, remontant jusqu'à - 40 000 ans.

6. **Vostok.** Pôle d'inaccessibilité où le record de froid de la Terre a été enregistré. C'est là qu'en 1984, grâce à la coopération avec les Soviétiques qui ont créé la base et l'occupent, et avec les Américains qui fournissent le support aérien, nous irons chercher les carottes de glace qui seront la clé pour la compréhension du climat.

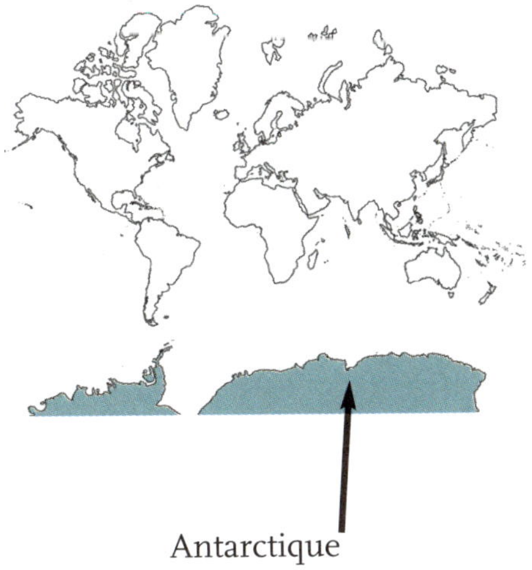

2 – Pour mesurer les températures du passé, nous inventons un "thermomètre isotopique"

La glace est constituée d'atomes d'hydrogène et d'oxygène. Il existe pour chacun de ces atomes différents isotopes. L'hydrogène est ainsi partagé entre des isotopes de masse 1 (à qui on conserve le nom d'hydrogène et qui sont présents en plus grande quantité), et ceux de masse 2, qu'on appelle deutérium.
A partir des prélèvements réalisés lors de nos raids d'exploration, nous avons découvert que la proportion de deutérium diminuait avec la température du site où la glace s'est formée (les petits carrés indiqués sur le graphique).
Ce "thermomètre isotopique" nous permettra de connaître les températures du passé. Il faudra pour cela mesurer la concentration en deutérium dans la glace prélevée pour savoir quel était le climat à cette période donnée. Le principe est simple : plus on fore profondément dans la glace, plus on remonte dans le temps.
Le développement des carottiers (photo) permettra aux glaciologues de descendre jusqu'à 3 800 mètres de profondeur couvrant 800 000 ans d'archives de notre atmosphère.

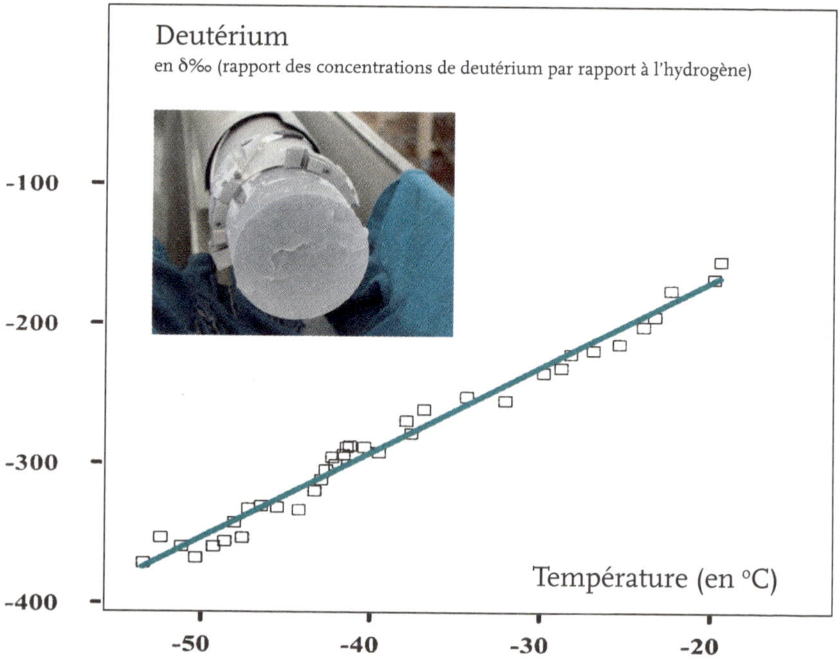

3 – Les bulles d'air dans la glace nous livrent le secret de notre atmosphère

Quand vous mettez un glaçon dans votre verre, vous constatez qu'il produit un pétillement : la glace libère en fondant des bulles d'air qui y étaient emprisonnées (les grosses taches noires). Enfouies dans l'épaisseur de l'Antarctique, ces bulles sont précieuses car elles sont les archives de l'atmosphère à l'époque où elles furent emprisonnées. C'est à partir de leur analyse que nous pourrons mesurer notamment la teneur en gaz carbonique de l'air à des époques reculées.
Les tout petits points noirs que l'on voit sur le cliché sont des poussières d'origine naturelle (érosion des sols, volcans,..) ou des polluants (émissions des voitures et industries, retombées radioactives...).
Toutes ces impuretés sont visibles sur un fond constitué par les cristaux de la glace dont on voit les limites.

4 – Les grands cycles climatiques sont liés à la course de la Terre autour du Soleil

Depuis la nuit des temps, c'est la balade de notre planète autour de l'astre solaire qui entraîne de lents mais très marqués changements du climat liés à la quantité d'énergie qu'elle en reçoit. Pour autant, la course de la Terre ne suit pas toujours la même trajectoire. Tout au long du Quaternaire (qui débute il y a 1,5 million d'années), les phases chaudes culminent tous les 100 000 ans – durée que met la Terre pour décrire une ellipse plus ou moins aplatie. Sur le dessin ci-dessous sont représentées la trajectoire la plus éloignée et la trajectoire la plus aplatie de la Terre autour du Soleil.
On peut distinguer ces "chauds et froids" sur l'évolution des températures telle qu'elle a été relevée sur 800 000 ans dans les glaces de l'Antarctique par le programme européen EPICA.
Des périodes de 40 000 et 20 000 ans de moindre amplitude sont, elles, liées à l'inclinaison et au mouvement de l'axe de rotation de la Terre.

Evolution des "chauds et froids" sur 800 000 ans

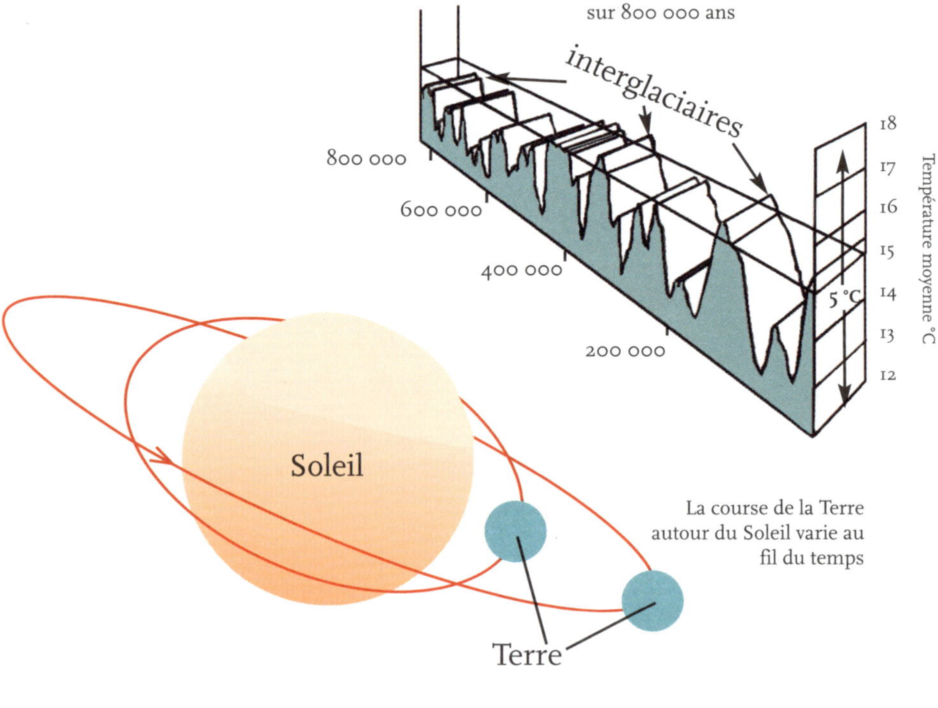

La course de la Terre autour du Soleil varie au fil du temps

5 – Les gaz à effet de serre sont une clé de l'équilibre de la vie sur Terre

L'évolution des températures moyennes qui caractérisent le climat de la Terre dépend de ce que l'on appelle le bilan radiatif : le rapport entre le rayonnement reçu du Soleil et celui renvoyé vers l'espace.

Une grande partie de l'énergie reçue du Soleil est en effet renvoyée en partie vers l'espace – à peu près 30 % en moyenne, mais cet "albédo" monte jusqu'à près de 90 % sur les surfaces englacées.

Ce rayonnement qui repart vers l'espace est, lui, en partie absorbé et conservé par les gaz présents dans l'atmosphère (CO_2, vapeur d'eau, méthane...). C'est ce que l'on appelle "l'effet de serre", sans lequel une grande partie de la planète serait couverte de glace mais dont le dérèglement peut avoir de dramatiques conséquences.

Les archives des glaces polaires apportèrent la preuve de ce mécanisme décrit par les physiciens depuis plus d'un siècle sans avoir pu le démontrer.

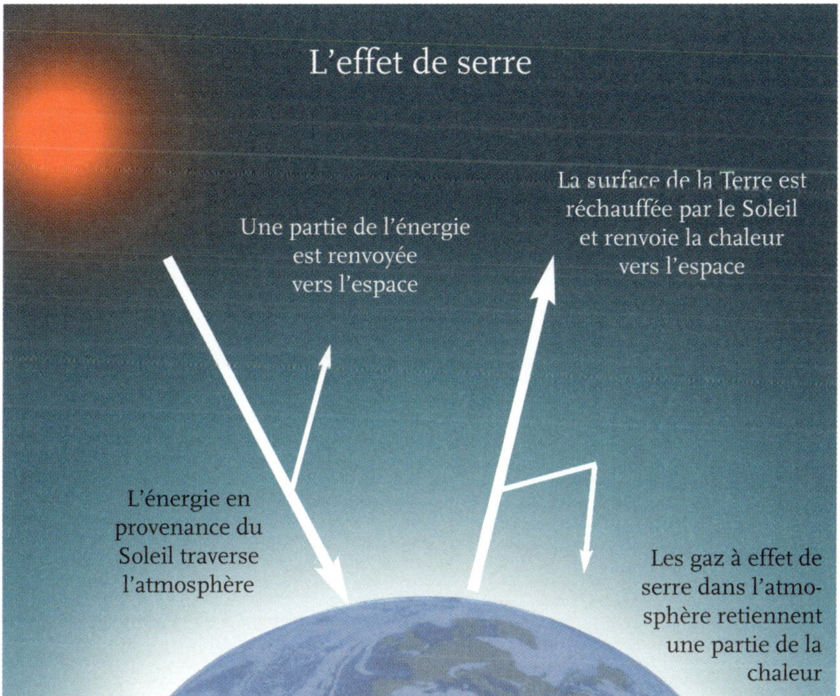

6 – CO_2, températures et niveau des mers ont toujours connu des évolutions étonnamment parallèles

C'est donc à partir des carottes de Vostok que nous mettons en évidence en 1987 la corrélation entre gaz à effet de serre et températures sur 160 000 ans.

Année après année, le forage se poursuivra jusqu'à la profondeur de 3 623 mètres, où la glace a plus de 400 000 ans d'âge (notre graphique), avant de reprendre dans un autre lieu stratégique de l'Antarctique, le Dôme C, rebaptisé Concordia.

Les échantillons analysés au Commissariat à l'énergie atomique de Saclay et au laboratoire de glaciologie de Grenoble confirmeront nos premiers résultats : si les grands cycles de "chauds et froids" de la planète sont liés à sa course autour du Soleil, les variations du climat entraînent celles du CO_2 de l'atmosphère. Bien que modestes par rapport à l'envolée actuelle, les teneurs en gaz carbonique du passé (alors non liées à l'activité humaine) se sont avérées suffisantes pour amplifier de manière sensible les variations de température liées à l'astronomie.

Une autre corrélation alarme les climatologues : la courbe du niveau des océans déduite de l'étude des sédiments marins suit, elle aussi, un tracé parallèle aux températures. Or, l'extension ou, au contraire, la fonte des glaces polaires liées au climat ont pu entraîner sur cette période des variations du niveau des mers pouvant atteindre 120 mètres.

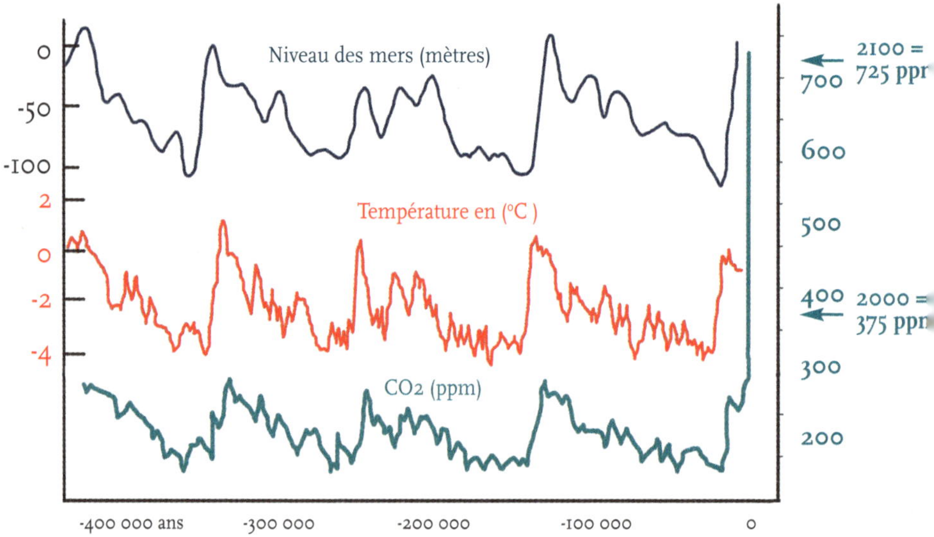

7 – Les phénomènes naturels ne peuvent expliquer seuls le réchauffement constaté

Si nul ne peut maintenant nier un réchauffement de la planète au cours des dernières décennies (1 °C), certains continuent de défendre l'idée que l'homme ne serait pour rien dans tout cela, que l'origine du dérèglement climatique serait à chercher dans des phénomènes naturels. Ce graphique du GIEC est de ce point de vue éloquent. Il met en vis-à-vis trois courbes : la première tient compte de l'ensemble des "forçages" : rayonnement solaire, éruptions volcaniques, et… concentrations de gaz à effet de serre. Cette courbe représente la synthèse de plusieurs modélisations. La deuxième courbe ne considère que le forçage naturel. Enfin, la courbe rouge correspond à la situation réellement observée.
Force est de constater que cette dernière est extrêmement proche du résultat des modélisations qui prennent en compte l'augmentation – dont nous sommes responsables – des concentrations en gaz à effet de serre dans l'atmosphère !

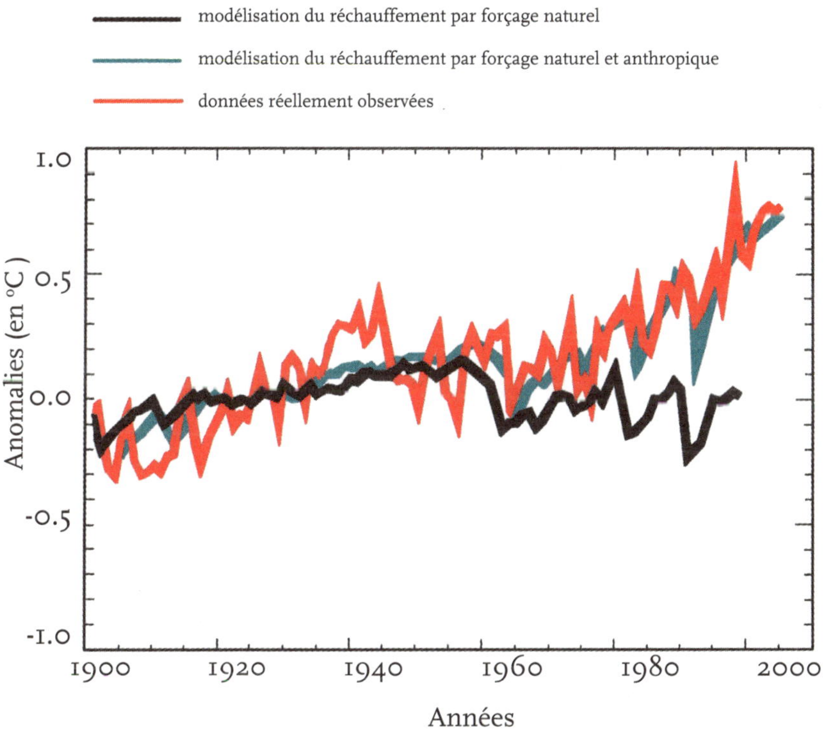

8 – Les différents modèles élaborés par les climatologues montrent une augmentation de 2 °C à 6 °C à la fin de ce siècle

L'Anthropocène, ou l'histoire d'une accélération... Qu'observe-t-on dans ce graphique réalisé à partir des travaux du GIEC ? Trois cents ans après la découverte de la machine à vapeur, les concentrations de CO_2 décollent de façon incontrôlée. Et la Terre s'engage dans un réchauffement que nul n'avait imaginé.

Les différentes modélisations, représentées par les courbes en couleur et établies par les équipes de climatologues à travers le monde, varient entre des prédictions de + 2 °C à + 6 °C d'ici la fin du siècle.

Une variabilité assez large due pour moitié aux émissions de gaz à effet de serre qui dépendent des sources d'énergie utilisées et pour l'autre moitié aux incertitudes sur le fonctionnement du système climatique.

Température moyenne en °C

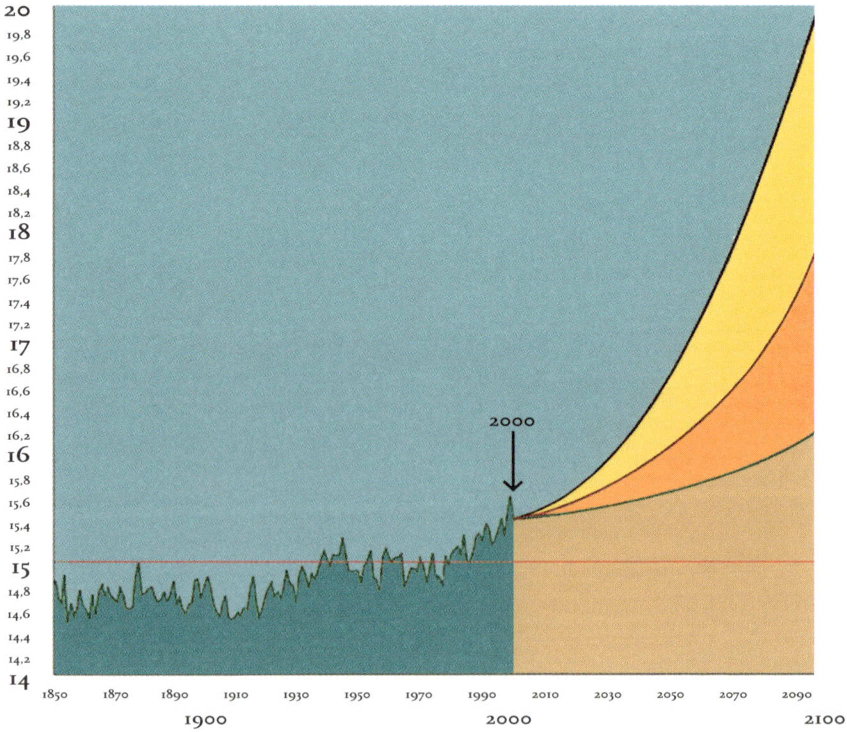

9 – Les émissions de gaz carbonique provoquent un dérèglement climatique à long terme

Une prospective du GIEC pour les 1 000 ans à venir, qui part d'un principe optimiste : la première courbe table en effet sur une réduction rapide des émissions de gaz à effet de serre.
La deuxième courbe est moins rassurante, mais elle est évidente : ces gaz ont une longue durée de vie, il leur faut un à trois siècles pour se stabiliser.
Résultat : la courbe des températures continue de monter, mais moins rapidement.
Les deux dernières courbes sont, elles, alarmantes. Elles montrent que l'élévation du niveau des mers mettra plusieurs siècles, voire au-delà du millénaire, pour se stabiliser.

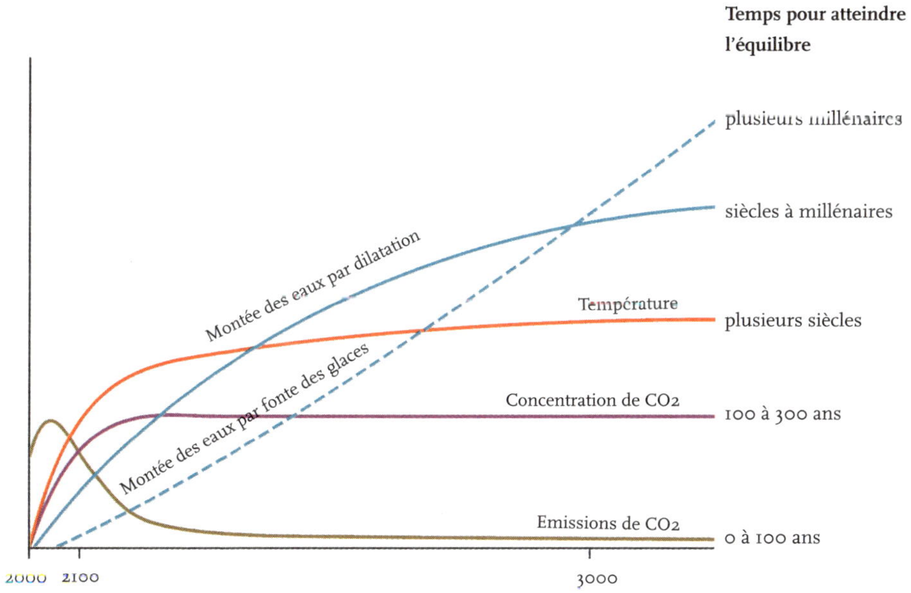

10 – L'Anthropocène, une nouvelle ère à ajouter dans le tableau stratigraphique des temps géologiques ?

L'histoire de la Terre – plus de quatre milliards d'années – est divisée par les géologues en éons, ères, périodes et époques. Un tableau auquel nous avons rajouté l'ère anthropocène dont l'officialisation sera discutée au prochain congrès mondial de stratigraphie qui aura lieu à Brisbane en 2012.

Légendes :
en noir, les événements liés à la biosphère ;
en bleu, les événements liés à l'atmosphère et à l'hydrosphère ;
en rouge, les événements liés à la lithosphère.

Eon	Ere	Période ou Système	Epoque ou Série	Age million d'années	Evénements majeurs
PHANÉROZOÏQUE	CÉNOZOÏQUE	Quaternaire	Anthropocène	0,0003	Machine à vapeur
			Holocène	0,0117	Agriculture et sédentarisation
			Pléistocène	2,588	Cycles glaciaires dans l'hémisphère Nord Extinction mammifères géants l'homme moderne
		Néogène	Pliocène	5,332	
			Miocène	23,03	Ancêtre commun à la lignée humaine et à la lignée des chimpanzés
		Paléogène	Oligocène	33,9	
			Eocène	55,8	Nombreuses nouvelles espèces de petits mammifères (cétartiodactyles, rongeurs...)
			Paléocène	65,5	Premiers primates, rongeurs...
	MÉSOZOÏQUE	Crétacé	supérieur	65 99,6	**Cinquième Grande Extinction** Disparition des dinosaures Isolement de l'Euramérique Premiers mammifères placentaires
			inférieur	145,5	Isolement de l'Afrique
		Jurassique	supérieur Malm	161,2	Mammifères marsupiaux Premiers oiseaux Premières plantes à fleurs
			moyen Dogger	175,6	
			inférieur Lias	199,6	Division de la Pangée, le supercontinent qui rassemble la quasi-totalité des terres émergées
		Trias	supérieur	208 228,7	**Quatrième Grande Extinction** Disparition de nombreux vertébrés marins
			moyen	245,9	Premiers dinosaures, mammifères ovipares, algues calcaires dans les mers
			inférieur	251	Fin de la glaciation du Gondwana (hémisphère Sud)

PALÉOZOÏQUE	Permien	Lopingien	**245-252** 260,4	**Troisième Grande Extinction** dite "La Grande Mort" : disparition de 90 % des espèces vivantes, marines et terrestres
		Guadalupéen	270,6	
		Cisuralien	299	
	Carbonifère	Pennsylvanien cf. Silésien	318,1	Insectes géants Premiers Sauropsides (tortues, serpents, crocodiles...) Premiers Synapsides (reptiles mammaliens et mammifères) Arbres primitifs de grande taille
		Dinantien	359,2	330 : Début de la glaciation du Gondwana
	Dévonien	Supérieur	**367** 385,3	**Deuxième Grande Extinction** Disparition de nombreuses espèces marines et terrestres (amphibiens) Premiers vertébrés terrestres Premières plantes à graines Premiers arbres
		Moyen	397,5	Plantes ligneuses : prêles, fougères...
		Inférieur	416,0	Glaciation au Sahara
	Silurien	Pridolien	418,7	"Sortie des eaux" : Premières plantes terrestres Arthropodes terrestres
		Ludlowien	422,9	
		Wenlockien	428,2	
		Llandovérien	443,7	
	Ordovicien	Supérieur	**440** 460,9	**Première Grande Extinction de masse** disparition de plus de la moitié des espèces marines Prédominance des invertébrés
		Moyen	471,8	
		Inférieur	488,3	

		Cambrien	Furongien	499	Explosion cambrienne : apparition des organismes multicellulaires
			Cambrien C ou Acadien	510	
			Cambrien B	521	
			(inférieur) / Cambrien A	542	
PROTÉROZOÏQUE	Néo-protérozoïque	Ediacarien		635	Organismes archaïques
		Cryogénien		650	Glaciation Varanger
		Tonien		1 000	Formation du continent Rodinia
	Mézo-protérozoïque	Sténien		1 200	Eucaryotes multicellulaires
		Ectasien		1 400	
		Calymnien		1 600	
	Paléo-protérozoïque	Stathérien		1 800	Emergence du continent Columbia
		Orosirien		2 050	Premiers organismes eucaryotes Enrichissement de l'atmosphère en dioxygène Grande oxydation, couches rouges
		Rhyacien		2 300	
		Sidérien		2 500	
ARCHÉEN	NÉOARCHÉEN			5 800	
	MÉSOARCHÉEN			3 200	Trace d'activité d'êtres vivants (océans) : Bactéries, archées, photosynthèse (cyanobactéries)
	PALÉOARCHÉEN			3 600	
	ÉOARCHÉEN			4 000	
HADÉEN				4 550	Formation des océans Refroidissement de la Terre, solidification de la croûte terrestre. Grand bombardement tardif (comètes, météorites)

CONTRIBUTEURS

LES AUTEURS

Claude Lorius est glaciologue. Pionnier de cette science, il est un des héros légendaires du premier hivernage français au cœur du continent antarctique en 1957, où il va rester pendant un an dans l'isolement avec deux autres compagnons. Désormais, toute sa vie sera tournée vers les pôles. En quarante ans de carrière, il partira vingt-deux fois en expédition, totalisant six ans de campagnes sur le terrain. Un jour qu'il déguste un verre de whisky après une journée à forer les glaces, il réalise en voyant les bulles d'air s'échapper du glaçon venu du forage que l'air contenu dedans y est piégé depuis des dizaines de milliers d'années : si on arrive à l'analyser, on pourra trouver, dans la glace, l'atmosphère du passé. Plongées dans cette recherche, les équipes du laboratoire de Grenoble qu'il a réorienté vers les régions polaires, et dirigé, et celles de Jean Jouzel au Commissariat à l'énergie atomique vont découvrir mieux : en reconstruisant les climats du passé, ils vont mettre en valeur l'importance des gaz à effet de serre sur la température de la Terre et apporter ainsi la preuve que tout le monde attendait : en surproduisant du gaz carbonique, l'homme est responsable du réchauffement climatique actuel. Distingué par de nombreux prix (prix Humboldt, prix Tyler, prix Balzan pour la climatologie, Médaille d'or du CNRS...), il est le seul Français à avoir reçu le prestigieux Blue Planet Prize – sorte de prix Nobel de l'environnement – en 2008, à Tokyo.

Laurent Carpentier est journaliste. Passé par différents médias (*Le Nouvel Economiste, L'Evénement du Jeudi, Le Monde*), il a participé à la création de la première agence française d'informations sur l'environnement (L'AIE). Spécialiste de ces questions, grand reporter free-lance, il travaille aujourd'hui régulièrement pour *Le Monde magazine* sur des enquêtes au long cours : "Les orphelins du progrès", "Suède : au pays des électrosensibles", "La résurrection des mammouths", "Espèces, vos papiers ?", "Eoliennes : la révolte des campagnes". Portraitiste et reporter, il cherche sur le terrain, auprès des hommes et de leurs vies, à réfléchir et à donner à réfléchir sur la marche du monde. Ainsi, c'est lors d'un reportage au Groenland qu'il fera la rencontre de Claude Lorius. Entre eux se noue une solide amitié et le désir d'écrire un livre pour témoigner sur l'Etat de notre planète.

LA COMPLICE

Anne-Christine Clottu Vogel est ethnologue. Née à Neuchâtel en Suisse, elle a beaucoup voyagé, d'Haïti en Afrique, et occupé des fonctions stratégiques, en particulier à l'Institut universitaire d'études du développement (IUED) à Genève, dont elle fut présidente de 2002 à 2007, à l'Académie suisse des sciences humaines et sociales comme à l'Académie suisse des sciences naturelles dont elle devint la secrétaire générale, responsable de la surveillance des projets spéciaux (ProClim, Forum Biodiversité, Geoforum, Recherche alpine, Centre suisse de recherches scientifiques en Côte d'Ivoire). Déléguée de la Commission suisse de recherches polaires au Scientific Commitee for Antarctic Research (SCAR) et à l'International Arctic Science Committee (IASC), elle se préoccupe aujourd'hui des impacts des questions climatiques et polaires sur la société, et compte de nombreux voyages aux Pôles à son actif. Elle est la troisième cheville de l'édifice que constitue ce livre.

LES RELECTEURS

André Lebeau est normalien, pionnier lui aussi des recherches en Antarctique, il va occuper ensuite diverses responsabilités de première importance dans les institutions scientifiques françaises, notamment à la tête de Météo France, et au Centre national d'études spatiales. Il est l'auteur d'un livre important sur le sujet qui nous concerne ici : *L'Enfermement planétaire* (Gallimard, 2008).

Jean Jouzel est climatologue. Vice-président du GIEC (et à ce titre codistingué avec Al Gore du prix Nobel de la paix en 2007), il fut, à la tête du Laboratoire de géochimie isotopique du Commissariat à l'énergie atomique, l'alter ego de Claude Lorius dans les recherches et la publication des résultats sur les climats du passé qui montraient le rôle des gaz à effet de serre dans le réchauffement. Il est aujourd'hui membre du Comité économique, social et environnemental.

Jacques Grinevald est philosophe des sciences. Spécialiste de deux grands penseurs qui ont marqué la pensée écologique et la compréhension du système Terre – le biogéochimiste russe Vladimir Vernadsky et l'économiste roumain Nicholas Georgescu-Roegen –, il est l'auteur d'un livre de référence : *La Biosphère de l'Anthropocène, pétrole et climat, la double menace* (éd. Médecine et hygiène, Genève, 2007). Il enseigne à l'Institut universitaire des relations internationales à Genève.

Fabrice Nicolino est journaliste et écrivain, engagé sur les questions environnementales depuis plus de vingt ans. Conseiller auprès de la direction de Terre sauvage, il est l'auteur de trois livres remarqués et polémiques : *Pesticides, révélations sur un scandale français* (avec François Veillerette, Fayard), *La Faim, la bagnole, le blé et nous* (Fayard) et *Bidoche, l'industrie de la viande menace le monde* (éditions LLL).

BIBLIOGRAPHIE

Al GORE, *Une vérité qui dérange*, La Martinière, 2007.

J.-M. BARNOLA, D. RAYNAUD, Y. S. KOROTKEVICH, C. LORIUS, "A 160 000-year record of atmospheric CO2 and Climate" [CO2 et climat de notre atmosphère depuis 160 000 ans], *Nature*, n° 329, 1er octobre 1987, p. 408-414.

Georges BATAILLE, *La Part maudite*, éditions de Minuit, coll. "Critique", 1967.

Jean-Paul BESSET, *Comment ne plus être progressiste... sans devenir réactionnaire*, Fayard, 2005.

Patrick BLANDIN, *De la protection de la nature au pilotage de la biodiversité*, Quae, Versailles, 2009.

Lester BROWN, *Le Plan B. Pour un pacte économique mondial*, Calmann-Lévy, 2007.

Colin CAMPBELL, Jean LAHERRÈRE, "The End of Cheap Oil", *Scientific American*, mars 1998.

Dipesh CHAKRABARTY, "Le climat de l'histoire : quatre thèses", *La revue internationale des livres et des idées*, n° 15, janvier 2010.

Paul J. CRUTZEN, "Geology of mankind", *Nature*, n° 415, 3 janvier 2002, p. 23.

Jared DIAMOND, *Effondrement : comment les sociétés décident de leur disparition ou de leur survie*, Gallimard, 2009.

Gilles DOSTALER, Bernard MARIS, *Capitalisme et pulsion de mort*, Albin Michel, 2009.

Jacques GRINEVALD, *La Biosphère de l'Anthropocène. Pétrole et climat, la double menace. Repères transdisciplinaires 1824-2007*, éditions Médecine & Hygiène, Genève (Suisse), 2007.

James HOGGAN, *Climate cover-up*, Greystone Books, 2009.

Ivan ILLICH, *Energie et équité*, Seuil, 1975.

Hans JONAS, *Le Principe responsabilité* (1979), Flammarion, coll. "Champs Essais", 2008.

Jean JOUZEL, Claude LORIUS, Dominique RAYNAUD, *Planète blanche, les glaces, le climat et l'environnement*, éditions Odile Jacob, 2008.

André LEBEAU, *L'Enfermement planétaire*, Gallimard, 2008.

Claude LÉVI-STRAUSS, *Mythologiques*, Plon, 2009.

Conférence du météorologue Edward LORENZ, "Predictability: Does the Flap of a Butterfly's Wings in Brazil Set off a Tornado in Texas?" [Prédictibilité : le battement d'ailes d'un papillon au Brésil peut-il provoquer une tornade au Texas ?], 1972.

Claude LORIUS, *Glaces de l'Antarctique : une mémoire, des passions*, Odile Jacob, 1991.

C. LORIUS, J. JOUZEL, D. RAYNAUD, J. HANSEN, H. Le TREUT, "The ice-core record: climate sensitiviy and future greenhouse warning" [L'enregistrement des glaces : sensibilité du climat et mise en garde pour un futur lié aux gaz à effet de serre], *Nature*, n° 347, 13 septembre 1990, p. 139-145.

James E. LOVELOCK (p.63), *La Terre est un être vivant : l'hypothèse Gaïa*, Flammarion, coll. "Champs Sciences", 2010.

James E. LOVELOCK, L. MARGULIUS, "Atmospheric homeostasis by and for the biosphere: the Gaia hypothesis", *Tellus*, vol. 26, 1974.

George Perkins MARSH, *Man and Nature*, University of Washington Press, 2003 (édition d'origine : 1864).

Dennis et Donnella MEADOWS, Club de Rome, rapport *The Limits To Growth* [Halte à la croissance], 1970.

Edgar MORIN, "Eloge de la métamorphose", *Le Monde*, 9 janvier 2010.

Edgar MORIN, *Pour une politique de civilisation*, Arléa, 2002.

John MUIR, *Journal de voyage dans l'Arctique : 1881*, José Corti, coll. "Domaine romantique", 2008.

Fabrice NICOLINO, *La Faim, la bagnole, le blé et nous : une dénonciation des biocarburants*, Fayard, 2007.

Rapport de la commission de stratigraphie de la Royal Geological Society de Londres.

Elisée RECLUS, *L'Homme et la Terre* (1931), Tops-H. Trinquier, Antony (Hauts-de-Seine), 2007.

Andrew REVKIN, *Global Warming: Understanding the Forecast*, Abbeville Press, 1992.

William F. RUDDIMAN, *La Charrue, la peste et le climat*, Randall, Courbevoie (Hauts-de-Seine), 2009.

Jeffrey D. SACHS, *Common Wealth: Economics for a Crowded Planet*, Penguin Press HC, 2008.

Michel SERRES, *Temps des crises*, Le Pommier, coll. "Manifestes", 2009.

Mandyam V. SRINIVASAN *et al.*, *Proceedings of the National Academy of Science*, 2005.

Antonio STOPPANI, *Corso di Geologia* (3 volumes, 1871-1873).

Edouard SUESS, *Das Antlitz der Erde* [La Face de la Terre], 1883-1909.

Djamel TAHI, Claude LORIUS, Roland SCHLICH, *365 jours sous les glaces de l'Antarctique*, éditions Glénat, 2008.

Arnold TOYNBEE, *L'Histoire*, Payot, coll. "Bibliothèque scientifique", 1996.

Vladimir I. VERNADSKY, *La Géochimie*, Librairie Félix Alcan, "Nouvelle Collection scientifique", 1924.

Vladimir I. VERNADSKY, *La Biosphère*, Seuil, coll. "Points Sciences", 2002.

Mathis WACKERNAGEL, William E. REES, *Our Ecological Footprint: Reducing Human Impact on the Earth*, New Society Publishers, 1996.

Edward O. WILSON, *The Creation: An Appeal to Save Life on Earth*, W. W. Norton & Company, 2006.

Jan ZALASIEWICZ, *The Earth After Us: What Legacy Will Humans Leave in the Rocks?*, Oxford University Press (USA), 2009.

POUR ALLER PLUS LOIN,
aux éditions Actes Sud et éditeurs associés

Werner Boote et Gerhard Pretting, *Plastic planet. La face cachée des matières synthétiques*, série "Questions de société", septembre 2010 / 12,5 x 19 / 254 pages / 21€.

Christine Castelain Meunier et Francis Meunier, *De quoi est fait mon pull ? Pas à pas vers l'éco-citoyenneté*, série "Questions de société", janvier 2011 / 13,5 x 21,5 / 200 pages / 20 €.

Andre F. Clewell et James Aronson, *La Restauration écologique*, mai 2010 / 12,5 x 19 / 254 pages / 26,60 €.

Francis Hallé, *La Condition tropicale, une histoire naturelle, économique et sociale des basses latitudes*, série "Questions de société", février 2010 / 14 x 24 / 576 pages / 29 €.

Bettina Laville et Jacques Leenhardt, *Villette-amazone. Manifeste pour l'environnement au XXIe siècle*, babel n° 229, octobre 1996 / 11 x 17,6 / 320 pages / 11,50 €.

Serge Latouche, *Sortir de la société de consommation*, éditions Les liens qui libèrent, septembre 2010 / 14,5 x 22,5 / 224 pages / 18 €.

Fairfield Osborn, *La Planète au pillage*, babel n° 931, octobre 2008 / 11 x 17,6 / 210 pages / 8,50 €.

Silvia Pérez-Vitoria, *La Riposte des paysans*, série "Questions de société", février 2010 / 12,5 x 19 / 304 pages / 20 €.

Patrick Plumet, *Peuples du Grand Nord* (tomes 1 et 2), éditions Errance / février 2004 / 18 x 25 / 322 pages / 25 €.

Pierre Rabhi, *Manifeste pour la terre et l'humanisme. Pour une insurrection des consciences*, octobre 2008 / 11,5 x 21,7 / 110 pages / 15 €.

Pierre Rabhi, *Vers la sobriété heureuse*, avril 2010 / 11,5 x 21,7 / 120 pages / 15 €.

Hermann Scheer, *L'Autonomie énergétique. Une nouvelle politique pour les énergies renouvelables*, série "Questions de société", mars 2007 / 12,5 x 19 / 272 pages / 22 €.

Coline Serreau, *Solutions locales pour un désordre global*, avril 2010 / 14 x 19 / 168 pages / 21 €.

Joseph Stiglitz, *Le Triomphe de la cupidité*, janvier 2011 / 11 x 17,6 / 512 pages / 23 €.

Erwin Wagenhofer et Max Annas, *Le Marché de la faim*. Le livre du film *We feed the Word*, série "Questions de société", avril 2007 / 12,5 x 19 / 192 pages / 20 €.

et pour les enfants

Georges Feterman, *Le Climat à petits pas*, Actes Sud junior/Ademe, mars 2010 / 16,5 x 24,5 / 72 pages / 12,5 €.

Shelley Tanaka, *Le Changement climatique*, Actes Sud junior, avril 2010 / 12,3 x 18 / 176 pages / 9,80 €.

CRÉDITS PHOTOGRAPHIQUES

Photo de couverture : © NASA ;
p. 16-17 : © Anne-Christine Clottu Vogel ;
p. 34-35 : DR ;
p. 54-55, p.76-77, p.98-99, p.114-115 : © LGGE ;
p. 132-133 : © Graham Robertson / Auscape ;
p. 173 : © Nature1987, avec l'autorisation de reproduction de Macmillan Publishers Ltd ;
p. 174 : © IPEV ;
p. 177 : © Michel Creseveur ;
p. 176, p. 178, p. 179, p. 180, p. 181 : © Claude Lorius/LGGE ;
p. 182 : © Grid-Arendal ;
p. 183 : © GIEC. Extrait du rapport de synthèse sur les changements climatiques 2001.
Figure RID-5. ;
p. 185-186-187 : © Claude Lorius

Nos remerciements à Jean-Luc Albouy et Grand Nord Grand Large qui nous ont emmenés cet été-là, à bord du Gregoriy Mikheev, *jusqu'au fjord de l'Eternité sur la côte ouest du Groenland.*

Cet ouvrage a été achevé d'imprimer en janvier 2011
par l'imprimerie Vasti-Dumas, à Saint-Etienne,
pour le compte des éditions Actes Sud.

Numéro d'imprimeur : V006883/00

Dépôt légal : janvier 2010
ISBN Actes Sud : 978-2-7427-9534-5